教育部第四批“1+X”
皮肤护理职业技能等级证书配套教材

# 皮肤护理

## 高 级

哈尔滨华辰生物科技有限公司 组织编写
高文红 主编 庄淑波 王铮 副主编

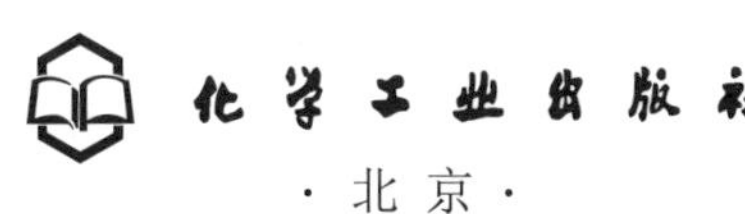

·北京·

## 内容简介

本书为“1+X”皮肤护理职业技能等级证书配套教材，依据《皮肤护理职业技能等级标准》，通过岗位实践经验总结、技术技能的迭代及任务分析，形成了皮肤管理师职业必备的理论知识体系和规范的职业操作技能。

本书分为知识模块和实践模块两大部分。其中知识模块包括常见皮肤疾病、化妆品的感官评价等内容。实践模块包括皮肤管理规划、医疗美容的皮肤管理、皮肤管理机构品质经营等内容。教材编写突出产教融合、书证融通，体现了皮肤管理师实际工作需要具备的素养、知识和技能。

本书各章节设置有知识目标、技能目标、思政目标和思维导图，并配套了重点知识点和技能点的典型性、实用性优质课程资源包，通过扫描二维码可以随时观看。另外，还配备了丰富的职业技能训练题目及答案。

本书可供美容领域相关机构开展皮肤护理职业技能等级证书培训使用，也可作为职业院校相关专业师生用书，还可作为皮肤管理师与美容爱好者的自学用书。

**图书在版编目（CIP）数据**

皮肤护理：高级/哈尔滨华辰生物科技有限公司组织编写；高文红主编. —北京：化学工业出版社，2023.7
ISBN 978-7-122-43382-4

Ⅰ.①皮… Ⅱ.①哈…②高… Ⅲ.①皮肤-护理-职业技能-鉴定-教材 Ⅳ.①TS974.1

中国国家版本馆CIP数据核字（2023）第075008号

责任编辑：李彦玲　章梦婕　　文字编辑：张熙然　刘洋洋
责任校对：李　爽　　装帧设计：王晓宇

出版发行：化学工业出版社（北京市东城区青年湖南街13号　邮政编码100011）
印　　装：天津市银博印刷集团有限公司
787mm×1092mm　1/16　印张10　字数151千字　2023年10月北京第1版第1次印刷

购书咨询：010-64518888　　售后服务：010-64518899
网　　址：http://www.cip.com.cn
凡购买本书，如有缺损质量问题，本社销售中心负责调换。

**定　　价：69.80元**

# “皮肤护理职业技能”系列教材编写委员会（高级分册）

（排名不分先后）

# “皮肤护理职业技能”系列教材审定委员会（高级分册）

（排名不分先后）

# 前言

培养什么人，是教育的首要问题。党的十八大以来，以习近平同志为核心的党中央高度重视教育工作，围绕培养什么人、怎样培养人、为谁培养人这一根本问题提出了一系列富有创见的新理念、新思想、新观点。习近平总书记还多次对职业教育做出重要指示，他强调在全面建设社会主义现代化国家新征程中，职业教育前途广阔、大有可为。

职业教育由此迎来了黄金时代。从2019年开始，国家在职业院校、应用型本科高校正式启动“1+X”证书制度试点工作，这是党中央国务院对职业教育改革做出的重要部署，是落实立德树人根本任务，完善职业教育和培训体系的一项重要的制度设计创新。哈尔滨华辰生物科技有限公司（润芳可REVACL）依托三十余年深耕职业教育的积微成著，顺利入选为第四批职业教育培训评价组织。

随着经济社会的发展和消费市场需求的变化，传统的美容护肤教学已经不能完整体现复合型、创新型人才的培养目标，而皮肤管理是基于严谨的医学理论，从丰富的美容实践案例中凝练出来的方法论。它不是手法、不是模式，而是对科学美容观的实践。如何使教材紧密对接产业人才需求，有机融入职业元素，凸显皮肤管理对科学美容观的实践内涵？由皮肤科专家、化妆品领域学者、企业导师和院校教师四方组成的编写团队深谙“唯有自尊可乐业，唯有自律可精业，唯有自强可兴业”的根本遵循，将培训评价组织三十余年凝练的30000余个皮肤管理实战案例转化为覆盖素养、知识和技能的培训课程体系，并将三者有机融合，以提升教材的应用性和适用性。

教材除了编写开发团队呈现多元特征以外，还映现出若干特点。一是思政导向更加鲜明，每个实践任务都有明确的思政目标，体现了人才培养的精神和素养要求；二是配套数字资源更加丰富，二维码技术的应用将教学视频和案例更加直观地呈现给学习者，在一定程度上缓解了传统教材配套资源更新慢与产业发展变化快之间的矛盾；三是教材的类型特征更加凸显，章节内容紧密对接行业企业真实工作岗位，突出了过程导向特点；四是教材主动对接行业标准、职业标准和职业院校教学标准，注重根据工作实际编排满足教学需要的项目和案例，体现了课证融通、书证融通的设计思路。

编者团队希望利用上述特点，将教材打造成学生可随身携带的工作手册和职业指南，而非单纯的考证复习用书，并通过推动“1+X”证书培训内容与社会需求以及企业服务实际相适应，实现美容业人才培养与社会需求紧密衔接，更重要的是能帮助考生获得专业自信和职业幸福感，让他们乐业、精业、兴业的职业理想在本书中可见、可感、可及。编者们还希望能依托皮肤管理技术技能的普及进一步优化美容业的价值体系、供需关系和商业模式，实现对社会美誉度和经济效益提升以及人才结构优化的价值预期。

本系列教材由哈尔滨华辰生物科技有限公司组织编写，并得到了清华大学第一附属医院、北京工商大学和多所职业院校的大力支持。教材内容历经数轮修改，充分吸收了各领域不同专家的意见，在此一并表示感谢。同时也要向关心和支持美容美体艺术专业发展建设的教育部职成司、教育部职教所等有关部门领导表达最诚挚的谢意。此外还要向报名参与皮肤护理“1+X”证书试点工作的院校师生们表示敬意，选择美的事业，将是你们人生中最美的选择。

本系列教材编写过程中借鉴了学术界的研究成果，参考了有关资料，但难免有疏漏之处。为进一步提升本书质量，恳望广大使用者和专家提供宝贵的意见和建议，反馈意见请发邮件至education@revacl.com，以便及时修订完善，不胜感激。

“皮肤护理职业技能”系列教材编写委员会

2021年11月

# 目录

## 知识模块

## 实践模块

# 知识模块

- 第一章　常见皮肤疾病
- 第二章　化妆品的感官评价

# 第一章 常见皮肤疾病

【知识目标】

1. 了解皮炎和湿疹、雀斑、脂溢性角化病、扁平疣、汗管瘤的病因和发病机制、临床表现、临床诊断及鉴别。
2. 熟悉日光性皮炎、激素依赖性皮炎、玫瑰痤疮、炎症后色素沉着的病因和发病机制、临床表现、临床诊断及鉴别。
3. 掌握常见皮肤疾病的预防。

【技能目标】

1. 具备辨别常见皮肤疾病的基础能力。
2. 具备指导顾客预防常见皮肤疾病的能力。

【思政目标】

1. 确立全心全意为人民服务的宗旨，遵循以顾客优先的原则。
2. 在辨识皮肤疾病的工作中增强辩证思维的能力。

【思维导图】

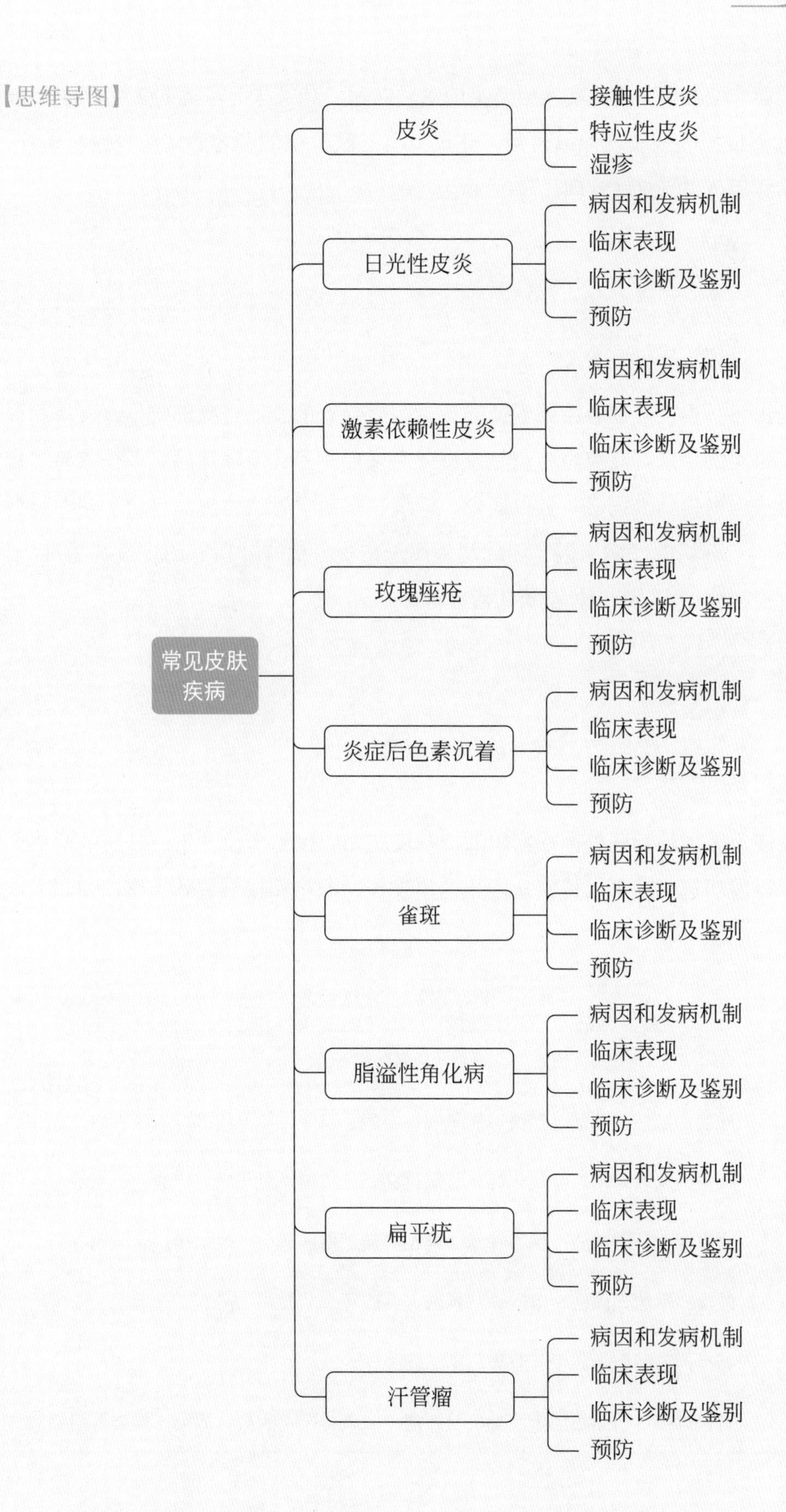
常见皮肤疾病
皮炎
接触性皮炎
特应性皮炎
湿疹
日光性皮炎
病因和发病机制
临床表现
临床诊断及鉴别
预防
激素依赖性皮炎
病因和发病机制
临床表现
临床诊断及鉴别
预防
玫瑰痤疮
病因和发病机制
临床表现
临床诊断及鉴别
预防
炎症后色素沉着
病因和发病机制
临床表现
临床诊断及鉴别
预防
雀斑
病因和发病机制
临床表现
临床诊断及鉴别
预防
脂溢性角化病
病因和发病机制
临床表现
临床诊断及鉴别
预防
扁平疣
病因和发病机制
临床表现
临床诊断及鉴别
预防
汗管瘤
病因和发病机制
临床表现
临床诊断及鉴别
预防

本章主要介绍在美容临床实践中常见的皮肤疾病，其易与美容常见皮肤问题混淆，皮肤管理师需依据临床表现加以辨别，建议患有皮肤疾病的顾客到医院皮肤科治疗，待皮肤疾病愈后再进行皮肤管理。

## 第一节　皮炎

皮炎是由各种内、外部感染因素或非感染因素导致的皮肤炎症的统称。皮炎和湿疹是临床最常见的疾病，其典型特点是皮损处为多形性且伴随瘙痒感。以往常将“皮炎”和“湿疹”当作同义词，不加以区分。但现在多数学者认为皮炎包含了各种类型的皮肤炎症，有确切的发病原因。因此湿疹属于皮炎，但并非所有的皮炎都是湿疹。皮炎类型有接触性皮炎、特应性皮炎和湿疹等。

### 一、接触性皮炎

1.病因和发病机制

接触性皮炎是接触某些外源性物质后，在皮肤黏膜接触部位发生的急性或慢性炎症反应。根据发病机制的不同可将病因分为原发性刺激物和接触性致敏物，如表1-1、表1-2所示。

表1-1　常见原发性刺激物

| 类别 | 刺激物 |
| --- | --- |
| 无机类 | 酸类：硫酸、硝酸、盐酸、氢氟酸、铬酸、磷酸、氯碘酸等 |
|  | 碱类：氢氧化钠、氢氧化钾、氢氧化钙、碳酸钠、氧化钙、硅酸钠、氨等 |
|  | 金属元素及其盐类：锑和锑盐、砷和砷盐、重铬酸盐、氯化锌、硫酸铜等 |
| 有机类 | 酸类：甲酸、醋酸、苯酚、水杨酸、乳酸等 |
|  | 碱类：乙醇胺类、甲基胺类、乙二胺类等 |
|  | 有机溶剂：石油和煤焦油类、松节油、二硫化碳、酯类、醇类、酮类溶剂等 |

表 1-2 常见接触性致敏物及其可能来源

| 常见接触性致敏物 | 可能来源 |
|---|---|
| 重铬酸盐、硫酸镍 | 皮革制品、服装珠宝、水泥 |
| 二氧化汞 | 工业污染物质、杀菌剂 |
| 巯基苯丙噻唑 | 橡胶制品 |
| 对苯二胺 | 染发剂、皮毛和皮革制品、颜料 |
| 松脂精 | 颜料稀释剂、溶剂 |
| 甲醛 | 擦面纸 |
| 俾斯麦棕R | 纺织品、皮革制品、颜料 |
| 秘鲁香脂 | 化妆品、洗发水 |
| 环氧树脂 | 工业、指甲油 |

接触性皮炎可分为两类：刺激性接触性皮炎和变应性接触性皮炎。

（1）刺激性接触性皮炎

刺激性接触性皮炎接触物本身具有强烈刺激性（如强酸、强碱等化学物质）或毒性，任何人接触该物质均可发病。某些物质刺激性较小，但一定浓度下接触一定时间也可致病。

本类接触性皮炎的共同特点是：① 任何人接触后均可发病；② 无潜伏期；③ 皮损多限于直接接触部位，边界清楚；④ 停止接触后皮损可消退。

（2）变应性接触性皮炎

变应性接触性皮炎为典型的Ⅳ型超敏反应。接触物为致敏因子，本身并无刺激性或毒性，多数人接触后不发病，仅有少数人接触后经过一定时间的潜伏期，在接触部位的皮肤黏膜发生超敏反应性炎症。这类物质通常为半抗原，与皮肤表皮细胞膜的载体蛋白结合形成完全抗原，被表皮内抗原提呈细胞（即朗格汉斯细胞）表面的HLA-DR识别。朗格汉斯细胞携带此完全抗原向表皮与真皮交界处移动，并使T淋巴细胞致敏，后者移向局部淋巴结副皮质区转化为淋巴母细胞，进一步增殖和分化为记忆T淋巴细胞和效应T淋巴细胞，再经血流播散全身。上述从抗原形成并由朗格汉斯细胞提呈给T淋巴细胞，到T淋巴细胞增殖分化，以及向全身播散的整个过程称为初次反应阶段（诱导期），大约需4天时间。当致敏后的个体再次接触致敏因子，即进入二次反应阶段（激发期）。此时致敏因子仍需先形成完全抗原，再与已经特异致敏的T淋巴细胞作用，一般在12～48小时内产生明显的炎症反应。

本类接触性皮炎的共同特点是：① 有一定潜伏期，首次接触后不发生反应，经过1～2周后如再次接触同样致敏物才发病；② 皮损往往呈广泛性、对称性分布；③ 易反复发作；④ 皮肤斑贴试验阳性。

2.临床表现

本病可根据病程分为急性、亚急性和慢性。此外还存在一些病因、临床表现等方面具有一定特点的特殊临床类型。

（1）急性接触性皮炎

急性接触性皮炎（图1-1）起病较急。皮损多局限于接触部位，少数可蔓延或累及周边部位。典型皮损为边界清楚的红斑，皮损形态与接触物有关，其上有丘疹和丘疱

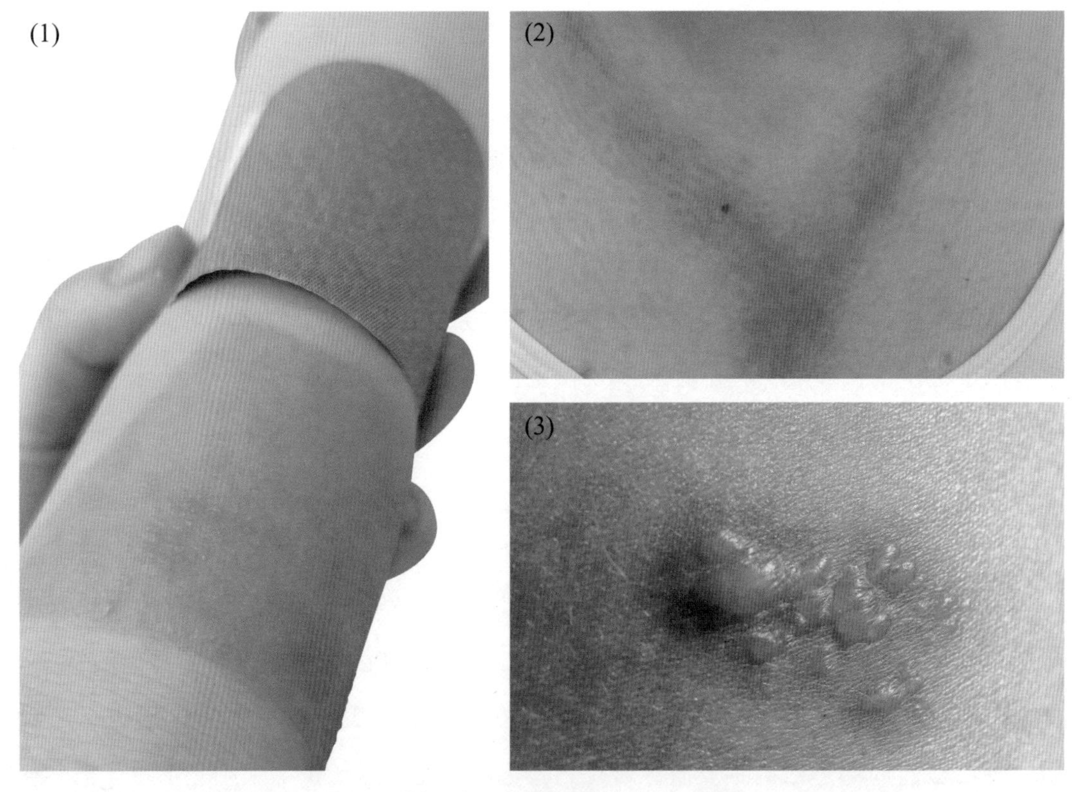

图 1-1　急性接触性皮炎

（1）—膏药贴导致的急性接触性皮炎；（2）—项链导致的急性接触性皮炎；
（3）—玻璃纤维导致的严重急性接触性皮炎，出现水疱和大疱

疹，严重时红肿明显并出现水疱和大疱，后者疱壁紧张、内容物清亮，破溃后呈糜烂面，偶可发生组织坏死。常自觉瘙痒或灼痛，搔抓后可将致病物质带到远隔部位并产生类似皮损。少数病情严重的患者可有全身症状。去除接触物后经积极处理，一般1～2周内可痊愈，遗留暂时性色素沉着，交叉过敏、多价过敏及治疗不当易导致反复发作、迁延不愈或转化为亚急性和慢性皮炎。

（2）亚急性和慢性接触性皮炎

亚急性和慢性接触性皮炎，如接触物的刺激性较弱或浓度较低，皮损开始可呈亚急性，表现为轻度红斑、丘疹，境界不清楚。长期反复接触可导致局部皮损慢性化，表现为皮损轻度增生及苔藓样变。

（3）特殊类型接触性皮炎

① 化妆品皮炎（图1-2）：系由接触化妆品或染发剂后所致的急性、亚急性或慢性皮炎。病情轻重程度不等，轻者为接触部位出现红肿、丘疹、丘疱疹，重者可在红斑基础上出现水疱，甚至泛发全身。

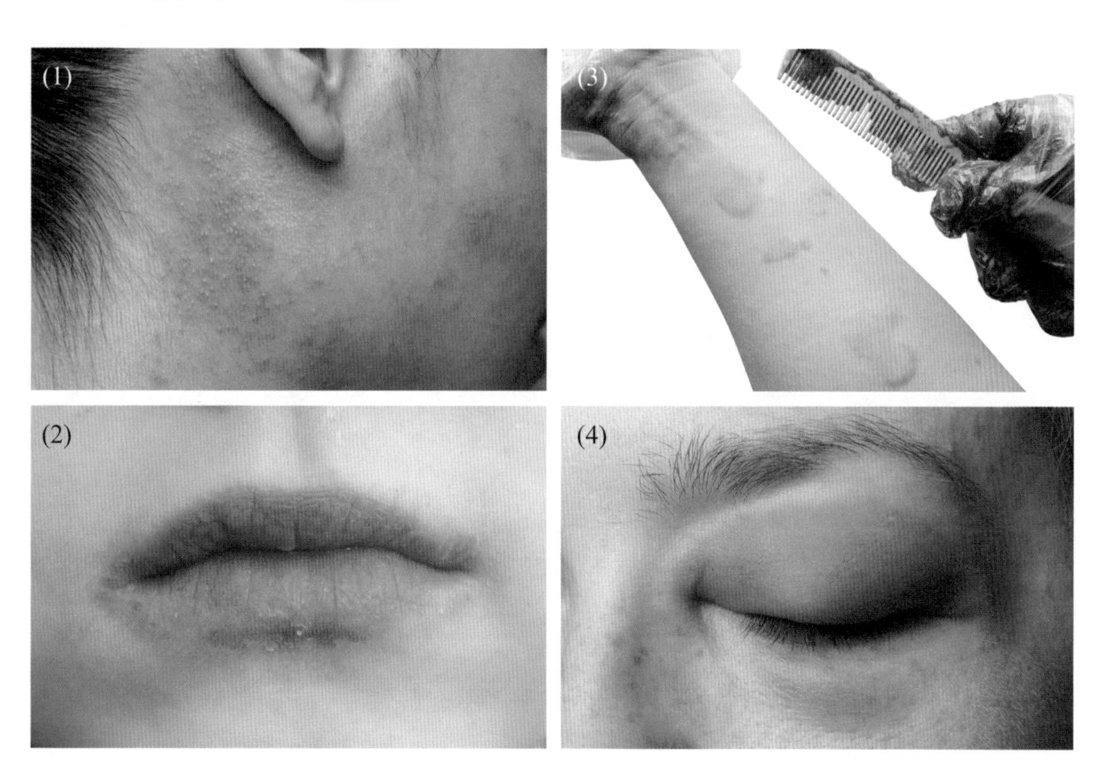


图 1-2 化妆品皮炎

（1）—面霜导致的化妆品皮炎；（2）—唇膏导致的化妆品唇炎；
（3）—染发剂导致的化妆品皮炎；（4）—眼霜导致的化妆品皮炎

② 尿布皮炎：尿布更换不勤，产氨细菌分解尿液后产生氨而刺激皮肤导致，部分和尿布材质有关。多累及婴儿的会阴部，可蔓延至腹股沟及下腹部。皮损呈大片潮红，亦可发生斑丘疹和丘疹，边缘清楚，皮损形态与尿布包扎范围一致。

③ 漆性皮炎：油漆或其挥发性气体引起的皮肤致敏，多累及暴露部位。表现为潮红、水肿、丘疹、丘疱疹、水疱，重者可融合成大疱。自觉瘙痒或灼热。

④ 空气源性接触性皮炎：空气中的化学悬浮物可能导致暴露部位，特别是上眼睑、面部的急性和慢性皮炎。喷雾剂、香水、化学粉尘、植物花粉为可能来源，空气源性致敏物产生的炎症范围更广。

### 3.临床诊断及鉴别

该病主要根据发病前接触史和典型临床表现进行诊断；去除病因后经适当处理，皮损很快消退。斑贴试验是诊断接触性皮炎最简单、可靠的方法。

应注意鉴别刺激性接触性皮炎和变应性接触性皮炎，如表1-3所示。

表 1-3　刺激性接触性皮炎和变应性接触性皮炎的鉴别

| 类别 | 刺激性接触性皮炎 | 变应性接触性皮炎 |
| --- | --- | --- |
| 危险人群 | 任何人 | 遗传易感性 |
| 应答机制 | 非免疫性，表皮理化性质改变 | 迟发型超敏反应 |
| 接触物特性 | 无机或有机类刺激物 | 低分子量半抗原（如金属、甲醛、环氧树脂） |
| 接触物浓度 | 通常较高 | 可以较低 |
| 起病方式 | 随着表皮屏障的丧失而逐渐加重 | 接触后12～48小时，一旦致敏，通常迅速发作 |
| 分布 | 接触物处首先起疹，随后扩散 | 与接触物（如表带）接触部位 |

### 4.预防

避免再接触刺激物或致敏物。在护肤方面，不宜过度清洁皮肤，避免摩擦、搔抓皮肤，不选用含有激素类的和不适合自己的化妆品，根据皮肤管理师的指导选用化妆品。在饮食方面，要注意营养平衡，可多吃豆制品及新鲜的蔬菜、水果；避免吃鱼、虾、蟹等易引起过敏的食物；忌食辛辣、烟酒等刺激物。

## 二、特应性皮炎

特应性皮炎，原称“异位性皮炎”“遗传过敏性皮炎”，是一种与遗传过敏物质有关的慢性炎症性皮肤病，表现为瘙痒、多形性皮损并有渗出倾向，常伴发哮喘、过敏性鼻炎。异位性本身的含义是：① 常有易患哮喘、过敏性鼻炎、湿疹的家族倾向；② 对异种蛋白过敏；③ 血清中IgE（免疫球蛋白E）水平升高；④ 外周血嗜酸性粒细胞增多。

### 1.病因和发病机制

该病病因尚不完全清楚，可能与遗传因素、皮肤屏障功能受损、自身免疫功能异常以及环境因素有关。特应性皮炎最基本的特征是皮肤干燥、慢性湿疹样皮炎和剧烈瘙痒。

### 2.临床表现

根据不同年龄段的表现，分为婴儿期、儿童期和青年成人期三个阶段。婴儿期：表现为婴儿湿疹，多分布于面颊、额部和头皮，皮疹可干燥或渗出。儿童期：多由婴儿期演变而来，也可不经过婴儿期而发生；多发生于肘窝、腘窝和小腿伸侧，皮疹往往干燥肥厚；皮损暗红色，渗出较婴儿期轻，常伴抓痕等继发皮损，久之形成苔藓样变；此时瘙痒仍很剧烈，形成“瘙痒—搔抓—瘙痒”的恶性循环。青年成人期：好发于肘窝、腘窝、四肢、躯干，某些患者掌跖部位明显；皮损常表现为局限性苔藓样变，有时可呈急性、亚急性湿疹样改变，部分患者皮损表现为泛发性干燥丘疹；瘙痒剧烈，搔抓出现血痂、鳞屑及色素沉着等继发皮损。

### 3.临床诊断及鉴别

特应性皮炎需要与常见病如疥疮、银屑病、神经性皮炎、接触性皮炎相区别。少数情况下需鉴别是否为朗格汉斯细胞组织细胞增生症、肠病性肢端皮炎、生物素缺乏症等特应性皮炎相关综合征。

### 4.预防

帮助患者或其家属了解特应性皮炎的诱发因素和临床特点。提倡母乳喂养。衣物以棉质地为宜，宽松、凉爽。注意避免各种可疑致病因素，发病期间应避免食用辛辣食物及饮酒，避免过度洗烫。浴后应注意身体皮肤保湿、滋润，恢复皮肤屏障功能。

## 三、湿疹

湿疹是一种由多种内外因素引起的真皮浅层和表皮的炎症，最常见的外源性诱发原因为皮肤接触到刺激性物质。临床上急性期皮损以丘疱疹为主，具有明显渗出倾向，慢性期以苔藓样变为主，易反复发作。

### 1.病因和发病机制

该病病因尚不明确，可能诱发或加重该病的内部因素包括免疫功能异常、慢性感染病灶（例如慢性胆囊炎、扁桃体炎和肠寄生虫病等）、内分泌及代谢改变（例如月经紊乱、妊娠等）、血液循环障碍（例如小腿静脉曲张等）、神经精神因素、遗传因素等。外部因素包括常见的过敏原（食物、吸入物、动物皮毛、各种化学物质等）、生活环境（日光、寒热、干燥、潮湿等）、微生物的直接侵袭或诱导免疫反应等。

### 2.临床表现

湿疹根据病程和临床特点可以将其分为急性湿疹、亚急性湿疹、慢性湿疹。发病时可从任一时期开始并逐渐向其他阶段演化。

（1）急性湿疹

急性湿疹的临床特点主要为红斑，表皮水肿，疹形多样，易渗出，对称分布，境界不清楚，自觉剧烈瘙痒，搔抓、热水洗烫患处可加重皮损程度。搔抓有可能形成点状糜烂面，有明显浆液渗出。如果触发继发感染，则会出现脓疱、结痂、淋巴结增大和全身发热的现象。

（2）亚急性湿疹

亚急性湿疹多由急性湿疹迁延而来。急性期的红肿、水疱减轻，渗出减轻，但仍有红斑、丘疹、脱屑，自觉剧烈瘙痒。皮损处如果处理不当，接触到新的刺激可转变为急性湿疹，如果病情久治不愈也可转变为慢性湿疹。

（3）慢性湿疹

慢性湿疹多由急性、亚急性湿疹迁延而来，也可起病即为慢性湿疹。其临床特点主要为皮损处浸润性暗红斑上有丘疹、鳞屑，局部皮损增厚，角化皲裂，苔藓样变，常对称分布，境界清楚，伴随色素沉着或色素减退，自觉阵发性明显瘙痒。

湿疹除了临床上的三期典型湿疹分期外，还存在几种特殊类型的湿疹，总体可分为局限性湿疹和泛发性湿疹两大类。局限性湿疹包括手部湿疹、乳房湿疹等，泛发性湿疹包括自身敏感性湿疹、乏脂性湿疹（又称冬季瘙痒症）和钱币状湿疹等。

3.临床诊断及鉴别

湿疹主要是根据其几种类型的临床表现特点加以诊断，如瘙痒剧烈程度、多形性、对称性皮损，急性期有渗出倾向，慢性期有苔藓样变皮损等特征。

急性湿疹与急性接触性皮炎的鉴别见表1-4，慢性湿疹与神经性皮炎的鉴别见表1-5。

表 1-4 急性湿疹与急性接触性皮炎的鉴别

| 鉴别 | 急性湿疹 | 急性接触性皮炎 |
|---|---|---|
| 病因 | 复杂不清，多内因 | 多外因，有接触史 |
| 发病部位 | 任何部位 | 主要在接触部位 |
| 皮损特点 | 疹形多样，对称分布，无大疱及坏死，炎症较轻 | 疹形单一，可有大疱及坏死，炎症较重 |
| 皮损境界 | 不清楚 | 清楚 |
| 自觉症状 | 剧烈瘙痒，一般不痛 | 自觉瘙痒、灼热或疼痛 |
| 病程 | 较长，易反复发作 | 较短，去除病因可自愈，不接触不反复 |

表 1-5 慢性湿疹与神经性皮炎的鉴别

| 鉴别 | 慢性湿疹 | 神经性皮炎 |
|---|---|---|
| 病因 | 内外因素均有 | 神经精神因素为主 |
| 病史 | 由急性湿疹发展而来，有反复发作的亚急性史，急性期先有皮损后有痒感 | 大多数是先有瘙痒感，搔抓之后出现皮损 |
| 好发部位 | 任何部位 | 颈项、肘膝关节伸侧和腰骶部 |
| 皮损特点 | 圆锥状，米粒大小灰褐色丘疹，融合成片，浸润肥厚，有色素沉着 | 多角形扁平丘疹，密集成片，呈苔藓样变，边缘见扁平发亮丘疹 |
| 演变 | 可逐渐变为亚急性湿疹、急性湿疹，有渗出倾向 | 病程缓慢，病变部位干燥 |

4. 预防

日常生活应避免皮肤接触环境中的致病物质，保护皮肤屏障功能，保持皮肤滋润。

湿疹属于一种身心性疾病，疾病的反复发作一般与心理、精神因素有关。患者因皮损影响外貌会情绪低下、抑郁，从而会进一步加重病情。湿疹患者治疗时应注意保持心情愉悦，同时注意生活作息规律，注意饮食健康，做好皮肤健康防护等措施。瘙痒剧烈时切忌搔抓患处，可以试着采用转移注意力的方法，例如听音乐、看电视等活动，减轻痒感。清洗皮损患病处时要注意避免水温过高。

**【想一想】** 湿疹的临床典型特点有哪些？

**【敲重点】** 1. 接触性皮炎的临床表现、临床诊断及鉴别、预防。
2. 湿疹的临床表现、临床诊断及鉴别、预防。

## 第二节　日光性皮炎

日光中的紫外线可引起皮肤疾病，按其作用机制可分为日晒伤、光毒性反应和光超敏反应。本节主要介绍日晒伤，也称为晒斑或日光性皮炎，是一种皮肤接受超过耐受量的中波紫外线引起的急性皮肤炎症，多由过度日晒引起。

### 一、病因和发病机制

日光性皮炎的诱发因素主要是自身免疫功能异常和日光中的紫外线过度照射。引发日光性皮炎皮损的主要是中波紫外线（UVB），但长波紫外线（UVA）能加强UVB诱导产生的红斑效应。UVB可由表皮细胞吸收，产生自由基损伤表皮细胞，引起日晒性红斑或水疱，催化黑素合成。UVB作用于真皮会导致真皮内多种细胞释放组胺、5-羟色胺、前列腺素等炎症介质，使真皮毛细血管扩张、渗透性增强，从而引起或加重红斑症状。

皮肤损伤的严重程度还与日光强度、光照时间、光照皮肤范围、种族及个人皮肤差异性等因素有关。

## 二、临床表现

该病症多见于春夏季节，好发于妇女、儿童及浅肤色人群，另外高原地区生活人群、雪地勘探者、水面作业者等也易发病。

一般晒后半小时或数小时之后发病，刚开始皮炎晒伤处皮肤会灼热、紧绷、红肿、疼痛，出现边界清楚的弥漫性鲜红色斑块，随后红斑颜色逐渐变为暗红色或红褐色，皮肤开始脱屑，出现色素沉着现象（图1-3）。症状严重患者皮损处甚至会出现紧致发亮的水疱，疱内存有澄清淡黄色浆液，水疱破烂后不久就变干结痂，加重色素沉着现象。晒伤面积较大情况下，会产生全身不适症状，比如头疼发热、恶心呕吐、全身乏力等，严重影响睡眠。

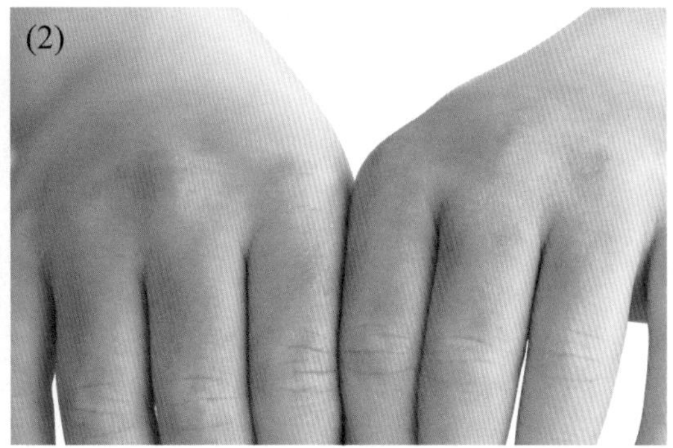


图1-3 日光性皮炎

（1）—背部；（2）—手部

## 三、临床诊断及鉴别

依据强烈日光暴晒史，暴晒皮肤部位出现红斑、水肿或水疱同时伴随灼热、疼痛感等典型皮损症状可做出诊断。日光性皮炎与接触性皮炎、烟酸缺乏症和植物日光性皮炎需进一步进行鉴别诊断。

接触性皮炎的诱发原因不是日晒且无季节性，有接触刺激物或者致敏物的病史。接触性皮炎的皮损位于接触部位，自觉有瘙痒症状。

烟酸缺乏症患者多数存在酗酒、营养不良现象，皮损除了会发生在暴露照晒处的皮肤，也会发生在非暴露处的皮肤，还可能会伴随发生腹泻等消化系统和痴呆等精神系统异常的症状。

植物日光性皮炎是植物中所含的光敏性物质通过空气介质传播、直接接触或食用吸收后到达皮肤再经过日光照射引起的急性光毒性炎症反应。临床症状除了皮肤晒伤处出现的红斑、水肿、水疱和色素沉着等，自觉局部麻木、胀痛、瘙痒等，少数有发热、头痛、恶心呕吐等全身症状。另外还有面部双侧眼睑肿胀、口唇肿胀外翻等典型现象。该病好发于中青年女性。

### 四、预防

避免在正午等阳光暴晒时间段外出，外出时注意做好防护、防晒，可逐渐外出锻炼提高对日光的耐受性。日常饮食应注意避免食用光敏性食物，例如泥螺、苋菜、灰菜等。

**【想一想】** 日光性皮炎患者在生活中应该注意哪些行为习惯？

**【敲重点】** 日光性皮炎的临床表现、临床诊断及鉴别、预防。

## 第三节　激素依赖性皮炎

激素依赖性皮炎是长期反复不当地外用激素引起的皮肤炎症症状。表现为外用激素后原发皮损消失，但停用后又出现炎性损害，是需反复使用激素来控制症状并逐渐加重的一种皮炎类型。近年来，发病率呈逐年上升趋势，病情顽固难治愈。

### 一、病因和发病机制

激素类药物主要是指糖皮质激素，具有抑制免疫反应、抗过敏、抗炎等作用，外用后能减轻充血和水肿，使瘙痒和皮损等临床症状迅速缓解，往往应用于治疗面部急性皮炎。病情缓解治愈后一般应停止使用，但部分患者停用后病情复发，又自行反复使用，长此以往就会对激素产生依赖性。特别是发生在面部的皮肤病长期大面积使用较强的激素制剂，很容易引起皮肤萎缩、变薄、潮红、色素减退或沉着、毳毛增生等不良反应，还可出现痤疮样症状和毛囊炎脓疱症状。

皮肤变薄是由于局部长期外用激素，角质层颗粒形成减少，真皮的糖蛋白和蛋白聚糖的弹性发生变化，导致胶原的原纤维间黏附力减弱，胶原合成减少，皮肤变薄。皮肤发生潮红是由于血管壁的胶原纤维间黏附力减弱，血管变宽，真皮胶原消失从而使皮肤的血管显露。色素减退现象是由于角质层的层数减少，使得迁移到角质形成细胞的黑素数量减少，引起色素减退。色素沉着现象可能与糖皮质激素激活黑素细胞再生色素有关。

痤疮样皮炎、玫瑰痤疮样皮炎的发生是由于在激素诱导的玫瑰痤疮样皮损处毛囊蠕形螨的密度显著增高，封闭了毛囊皮脂腺出口，引起炎症反应或变态反应，强效激素还可使皮脂腺增生，呈现出特有的玫瑰痤疮样皮损特征。激素也能使毛囊上皮退化，导致出口被堵塞，出现痤疮样皮疹或使原有的痤疮加重。毛囊炎的产生是由于激素的免疫抑制作用，使局部毛囊发生感染，同时可能加重原发毛囊炎症状。激素依赖和反跳现象是由于激素的抗炎特性只是消除了疾病症状，并没有消除疾病的病因，所以停用后常可引起原有疾病加重，表现为炎性水肿、皮肤泛红、伴随烧灼不适感和急性的脓疱疹等反跳现象。该现象常常发生在停用激素后，并可持续一段时间。患者出现反跳现象后又继续外用激素，长期反复就会造成激素依赖。

## 二、临床表现

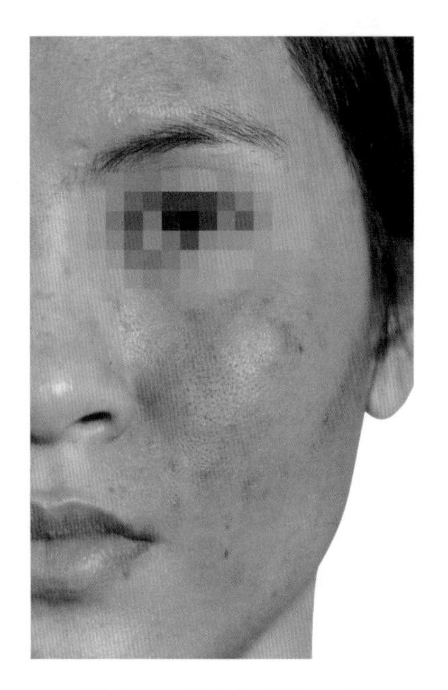

图 1-4　激素依赖性皮炎

该病症的临床症状主要有面部毛细血管扩张，皮肤潮红，反复出现红斑丘疹，皮肤自觉灼热、瘙痒、紧绷、疼痛，皮炎脱屑等。面部皮肤萎缩，变薄变皱，出现痤疮样症状和毛囊炎脓疱症状，之后伴随着皮肤色素沉着（图1-4）。该病症的典型特点就是存在激素用药的反跳现象，使用激素类药物治疗时症状缓解，停用后症状加重，再次使用激素类药物炎症减轻，病症随着用药情况如此反复，产生药物依赖性。

## 三、临床诊断及鉴别

依据长期外用激素药物或使用含有激素的化妆品病史以及病症时好时坏，停用后复发明显的红斑、丘疹、脱屑等皮炎现象，长此以往皮肤出现色素减退或沉着、潮红、毳毛增生并伴随刺痛、灼烧感等特有的皮损特点可以诊断。

本病需要与痤疮、玫瑰痤疮等进行鉴别。痤疮的皮疹以粉刺、丘疹、结节、囊肿为主，皮损散布，反复发作，时好时坏，无外用糖皮质激素史。而激素依赖性皮炎的痤疮样皮炎的皮损较密集，多以粉刺、丘疹为主，伴红斑或毛细血管扩张，皮损持续存在，有外用糖皮质激素史。玫瑰痤疮的皮损多位于鼻部，以红斑、毛细血管扩张为主，而激素依赖性皮炎皮损多位于面颊，还可出现毳毛增粗变长、色素沉着等临床表现。

## 四、预防

皮肤敏感者在季节或环境产生变化时往往容易发生过敏，平时需要注意采取相应的防护措施，比如夏天注意防护、防晒，冬天注意保暖，平时应使用成分简单、不含香精香料和刺激性防腐剂的护肤品，时刻保持良好心情。由于皮肤炎症会因为某些食物因素加重，患者治疗期间也要注意饮食，少吃辛辣刺激性食物、海鲜、牛羊肉等。

**【想一想】** 激素依赖性皮炎的临床典型特点是什么？

**【敲重点】** 激素依赖性皮炎的临床表现、临床诊断及鉴别、预防。

# 第四节 玫瑰痤疮

玫瑰痤疮，原称酒渣鼻，是一种好发于面中部、以持久性红斑与毛细血管扩张为主的慢性炎症性皮肤病。临床基本类型包括红斑毛细血管扩张型、丘疹脓疱型、鼻赘型和眼型等。

## 一、病因和发病机制

发病机制尚不清楚。可能是在一定遗传背景基础上、多因素诱导的以皮肤免疫和血管舒缩功能异常为主导的慢性炎症性疾病。玫瑰痤疮患者存在某些易感基因和（或）神经血管调节受体相关基因突变。首先，在一些因素如毛囊蠕形螨虫、糖皮质激素或其他药物戒断后等诱导下，在活性表皮抗菌肽（AMP）-LL37的异常活化参与下，通过Toll样受体（TLR2）参与的免疫作用导致局部炎症反应；其次，神经末梢表面的Toll样受体及蛋白酶激活的相应受体反过来促进天然免疫活化，维持并扩大炎症过程；再加之诸如情绪、运动、日晒、酒精、辛辣食物刺激末梢神经，使其释放大量神经介质，包括多种血管活性肽，进而维持血管舒张及血管高反应性。综上各方面因素导致玫瑰痤疮疾病的发生及迁延。

## 二、临床表现

本病发病人群大多数为中年人，女性较多，但病情严重者常是男性患者，特别是鼻赘型和眼型。本病可并发痤疮及脂溢性皮炎。临床表现一般分为4种类型，各类型之间可相互重叠及转换，分型的重要性在于选择不同治疗方法。

### 1.红斑毛细血管扩张型

本型特征是面中部特别是鼻部、两颊、前额、下颌等部位对称发生红斑，不同的刺激如环境温度变化、热饮、酒精、辛辣食物、运动或沐浴等，均可出现持久不退的潮红反应，常伴有皮肤干燥、灼热或刺痛感。反复发作后，皮肤红斑灼热和浅表树枝状毛细血管扩张持续存在。

2. 丘疹脓疱型

病情继续发展时，在红斑基础上出现针尖至绿豆大小的丘疹、脓疱，毛细血管扩张更明显，纵横交错，毛囊口扩大明显。皮损时轻时重，持续数年或更久。女性患者皮损常在生理期前加重。

3. 鼻赘型

属肥厚增生型，见于鼻部，但也可累及口周、面颊、前额、下颏等。在红斑或毛细血管扩张基础上皮脂腺肥大增生并纤维化，亦称为“鼻瘤”。多数患者常伴有青春期痤疮史。

4. 眼型

多累及眼睑睫毛毛囊及眼睑相关腺体，包括睑板腺、皮脂腺和汗腺，常导致相关的干眼和角膜结膜病变，表现为眼异物感、光敏、视物模糊、灼热、刺痛、干燥或瘙痒等不适症状。常与其他三型合并存在，并与面部皮损的严重程度无明显平行关系。

此外还有一些特殊亚型，如肉芽肿型、暴发型、皮质激素诱导型、口周皮炎型等。

## 三、临床诊断及鉴别

根据面中央为主的阵发性潮红、持久性红斑，以及面颊、口周、鼻部毛细血管扩张，或丘疹和丘脓疱疹，或鼻部、面颊、口周肥大增生改变为主，或有眼部症状表现，以及伴有主观症状灼热、刺痛、干燥或瘙痒等即可诊断。其中红斑毛细血管扩张型与丘疹脓疱型可以相互转换，但这两型通常不会增生肥厚，不会发展成鼻赘型及眼型。

本病需与痤疮、脂溢性皮炎等进行鉴别。值得注意的是玫瑰痤疮面部持续性红斑需与有系统症状的结缔组织病（如红斑狼疮、皮肌炎、混合性结缔组织病等）相鉴别；更应注意区别由其他因素如天然面部潮红、皮肤菲薄及敏感、化学剥脱、外用糖皮质激素依赖、皮肤屏障功能下降、光声电处理不当、毛囊蠕形螨微生物增加等多种因素诱发或加重的玫瑰痤疮样发疹，需通过仔细问诊与检查加以鉴别。

## 四、预防

避免过度清洁而损伤皮肤屏障，加强保湿润肤及物理防晒。避免过热过冷及精神紧张因素的不良刺激，忌饮酒及进食辛辣食物。

【想一想】 玫瑰痤疮常与哪些美容常见问题性皮肤混淆？

【敲重点】 玫瑰痤疮的临床表现、临床诊断及鉴别、预防。

## 第五节 炎症后色素沉着

炎症后色素沉着（PIH），是指皮肤在经历急性或慢性炎症过程之后出现的皮肤色素沉着现象。皮肤色素沉着深浅程度及持续时间因人而异，黑皮肤的人和易晒黑的人色素沉着较重，持续时间较久。

### 一、病因和发病机制

许多炎症性皮肤病可引起皮肤炎症后色素沉着，这些疾病包括红斑狼疮、带状疱疹、玫瑰糠疹、虫咬皮炎等。具体发病机制可能是炎症反应使皮肤中巯基还原或部分去除，巯基减少，使酪氨酸酶活性增高而引起皮肤色素沉着。色素沉着的程度与炎症的程度关系不大，而是取决于皮肤病的特征。炎症后色素沉着亦继发于各种物理刺激（外伤、热、放射等）、化学刺激（药物、原发性刺激物、光敏物等）。

### 二、临床表现

临床常见症状为急性或慢性炎症过程之后皮肤出现浅褐、紫褐到深黑色不等的色素沉着，边界清楚，局限于皮肤炎症区，一般无自觉症状。通常在红斑消退后出现，需要数月才能逐渐消退。炎症后色素沉着部位在经历日晒或再一次炎症过后色素颜色会进一步加深，甚至轻微苔藓化（图1-5）。

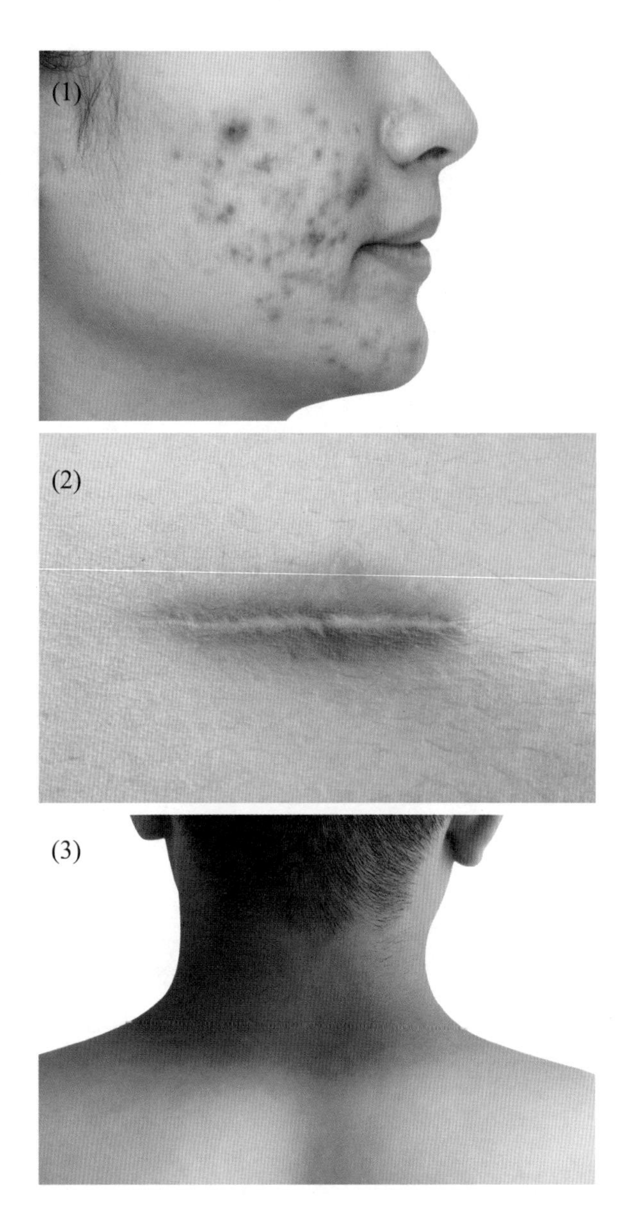


图 1-5 炎症后色素沉着

（1）—痘印；（2）—皮肤伤口疤印；（3）—晒伤后色素加深

## 三、临床诊断及鉴别

根据多见于暴露部位、皮炎及手术后等出现色素沉着等特点，容易诊断。但有些皮损症状较轻、炎症刺激较轻以至于患者未能察觉的色素沉着难以追溯到病因。

本病主要与焦油性黑变病鉴别。焦油性黑变病常见于中年女性，并有职业特点，如长期接触煤焦油、石油及其产品加工的人员发病率较高。色素沉着斑呈细网状到斑片状，初期淡红，后转为青灰至暗褐色，多发于颜面、颈项、上背等暴露部位，尤以眶周及颧颞部最显著，与正常皮肤无明显界限。患者常伴有头晕、乏力、食欲缺乏、消瘦等全身症状。

## 四、预防

应该尽量避免一切针对色素沉着区域的局部处理和治疗。因为从理论上讲，所有的色素沉着都会自然消退，只是时间长短有所不同。如果使用激光治疗等一些较为创伤性或刺激性的治疗方法，通常会起到适得其反的作用。因为这些刺激性疗法又会对该皮损区域造成新的皮肤创伤，触发炎症，从而造成新的色素沉着。

需要了解患者以前的皮肤炎症史，查找追溯可能引起色素沉着的皮肤病或皮肤刺激，从而针对性进行预防，避免皮肤炎症的发生和进一步发展。平时也要注意做好防护、防晒。

**【想一想】** 炎症后色素沉着与黄褐斑临床表现的区别是什么？

**【敲重点】** 炎症后色素沉着的临床表现、临床诊断及鉴别、预防。

# 第六节 雀斑

雀斑是一种常见于面部较小的黄褐色或褐色的色素沉着斑点，为常染色体显性遗传病，病变的发展与日晒有关。

## 一、病因和发病机制

本病系常染色体显性遗传性色素沉着病。其斑点大小、数量和色素沉着的程度，随日晒而增加或加重。此外，X射线、紫外线的照射亦可促发本病并使其加重。

## 二、临床表现

雀斑是一种好发于面部，或者身体其他部位（手背、前臂伸侧）的色素沉着色斑。色斑特点为黄褐色至褐色，针尖至米粒大小，圆形或卵圆形或不规则形，分散或群集对称分布，数量不一，边界清晰，无自觉症状（图1-6）。

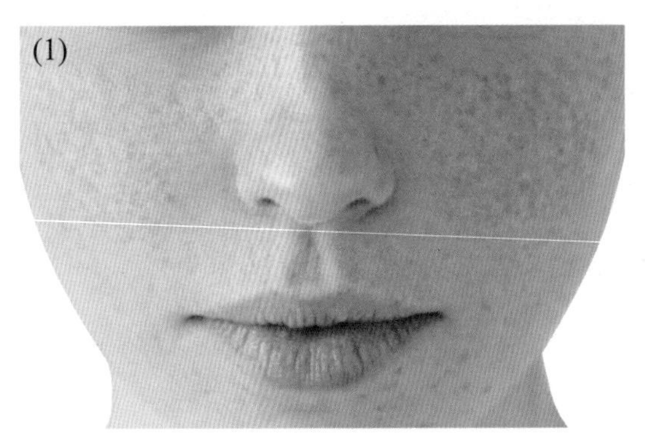

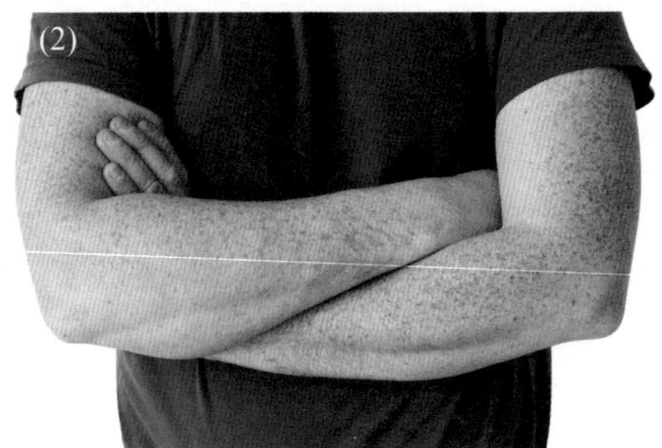

图 1-6 雀斑

（1）—面部；（2）—前臂伸侧

雀斑较易发生于女性群体和白种人，有家族性聚集现象，一般始发年龄为3～5岁，青春期、日晒和妊娠会加重症状，而成年后随着年龄增长有减少趋势。与日晒关系明显，其色素斑点的数目、大小、颜色取决于吸收日光的量及个体对日光的耐受性，夏季雀斑的数目多、形体大，为深褐色，冬季则减轻。

## 三、临床诊断及鉴别

雀斑临床诊断可依据上述的临床表现进行疾病判断。此外还需要与颧部褐青色痣、雀斑样痣进行鉴别诊断。

颧部褐青色痣临床特点为对称分布的黑灰色斑点，界限明显，数目10～20个，多见于青年女性。

雀斑样痣发病年龄在1岁或2岁左右，颜色较雀斑深，与日晒无关，无夏重冬轻变化，常分布在一侧，一般较为密集。可发生在任何部位。

## 四、预防

鉴于日光紫外线照射会产生或加重雀斑症状，日常生活应避免过度日晒。注意保持健康的生活方式。禁止使用含有激素、铅、汞等有害物质的速效祛斑霜。应根据皮肤管理师的指导选用化妆品。

**【想一想】** 雀斑患者居家护肤有哪些注意事项？

**【敲重点】** 雀斑的临床表现、诊断及鉴别、预防。

# 第七节 脂溢性角化病

脂溢性角化病又称老年斑、老年疣、基底细胞乳头瘤。

## 一、病因和发病机制

脂溢性角化病是身体机能减退，新陈代谢功能衰退，内脏老化，人体衰老的重要形态学标志。日光照射可加速病变，衰老导致老年人体内具有抗过氧化作用的过氧化物歧化酶的活性降低，体内自由基水平也就相对升高了，这些堆积的自由基及其诱导的过氧化反应会长期毒害生物体。

## 二、临床表现

临床表现初期为散乱分布在老年人皮肤表面的淡黄色或浅褐色扁平丘疹，表面呈颗粒状，后逐渐增大，变厚，数目增多，颜色变深，呈褐色甚至黑色疣状丘疹或斑块。好发于面部、手背、小腿等皮肤裸露处。其通常大小形状不一，有圆形、卵圆形或不规则形，扁平或稍高于皮肤表面，境界清楚，表面常附有油腻状鳞屑，部分患者会有瘙痒症状（图1-7）。其属于一种皮肤退行性疾病，随着年龄增长，数目会增多，斑片面积逐渐扩大。病程缓慢，无自愈倾向。脂溢性角化病的出现是细胞功能衰退的表现，一般情况下不会对身体产生伤害，如果发生恶变一般转化为鳞状细胞癌。皮损突然发生并迅速增多患者可能并发内脏肿瘤。

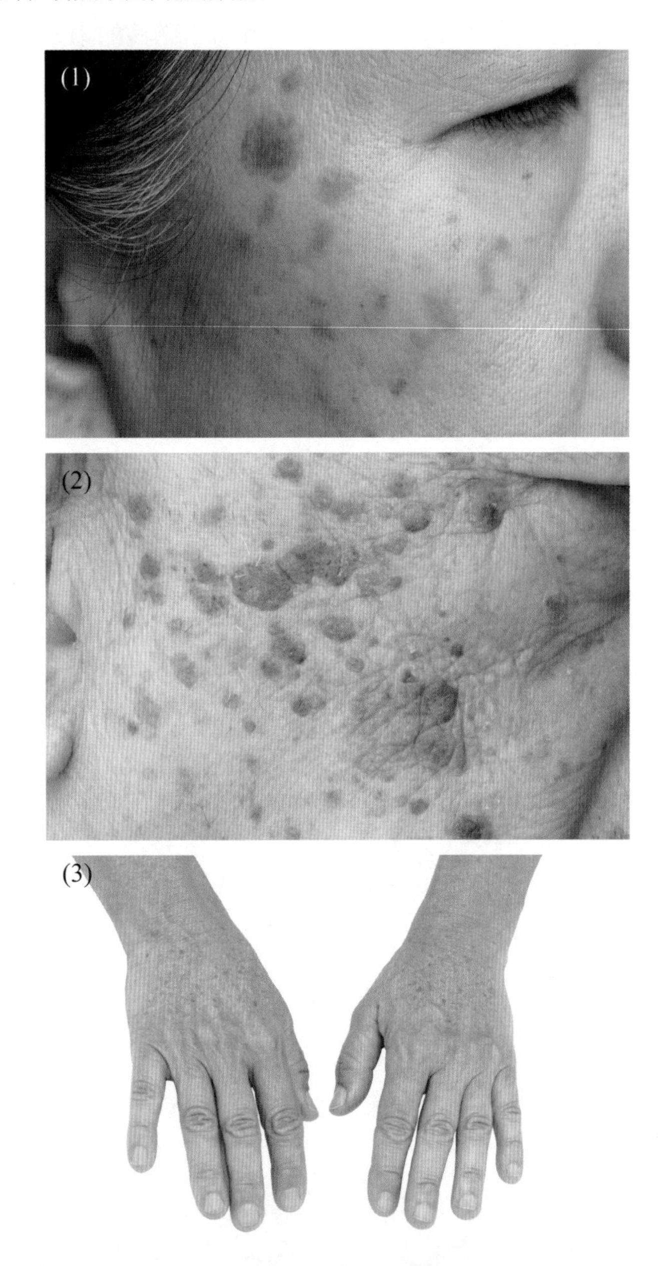


图1-7 脂溢性角化病

（1）—面部的脂溢性角化病早期；（2）—面部的脂溢性角化病后期；
（3）—手部脂溢性角化病

## 三、临床诊断及鉴别

根据上述脂溢性角化病临床表现可进行诊断。该病症有些早期损害似扁平疣，发生在暴露部位的损害易与日光性角化病相混淆，色素很深的损害需要与黑素细胞痣进行鉴别。

扁平疣多发病于青少年时期。日光性角化病皮损位置仅局限于日光照射部位，基底毛细血管扩张潮红。色素痣发病年龄较早，皮损表面较为光滑，不表现为疣状，表面覆盖有油腻状鳞屑。

## 四、预防

平时应注意保持良好作息习惯，注意休息，保证睡眠等。做好防护、防晒。如果在短时间内发现身体上广泛出现老年斑，或发现皮损处开始出现脂溢性角化的皮疹，触之较硬，有角化性痂或有出血、瘙痒症状，应及时去医院检查治疗。

**【想一想】** 脂溢性角化病的临床典型特点是什么？

**【敲重点】** 脂溢性角化病临床表现、临床诊断及鉴别。

# 第八节　扁平疣

扁平疣又称青年扁平疣，是由人乳头瘤病毒引起的皮肤的扁平丘疹损害。

## 一、病因和发病机制

本病病原体为人乳头瘤病毒（HPV-3、HPV-14、HPV-15等），人体是HPV的唯一宿主，与其他动物无交叉致病性。HPV的感染主要通过直接接触和自身接种，病毒通过微小损伤进入皮肤或黏膜内，也有的通过病毒污染的器物经损伤皮肤而间接传染。

## 二、临床表现

扁平疣好发于青少年，男女同样发病，好发于面部、手背、颈、胸、前臂部等暴露部位。本病大多起病突然，皮疹特点为肤色、淡红色或淡褐色高出皮肤表面的扁平丘疹，米粒到绿豆大小，圆形或多角形，表面光滑，质地柔软，境界清楚，皮疹数目较多，常散在或密集分布，搔抓后可出现自体接种现象，皮疹沿抓痕呈串珠状排列（图1-8）。慢性病程，可在数周或数月后突然消失，亦可多年不愈。愈后不留瘢痕。一般无自觉症状，偶有微痒。

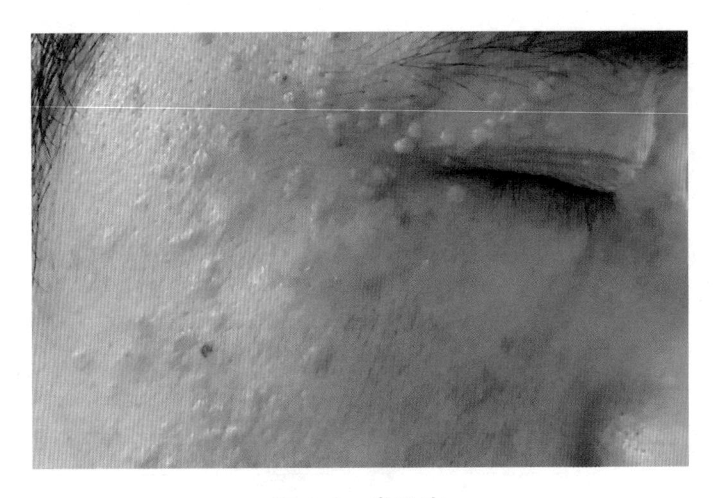

图 1-8　扁平疣

## 三、临床诊断及鉴别

根据青少年多发，皮损部位多发于颜面、手背等处，皮损特点为正常肤色或浅褐色的扁平丘疹，局部被搔抓时沿抓痕可呈串珠状排列或密集成片分布等特点可以诊断。

本病主要与汗管瘤鉴别。汗管瘤皮疹为肤色或稍带黄色的半球形丘疹，表面有蜡样光泽，软硬度与正常组织接近，直径1～2mm，也可更大，密集而不融合，好发于双下眼睑，也可发生于胸、腋窝、腹部和外阴等部位，无自体接种现象。

## 四、预防

避免搔抓，预防自身接种传染。定期煮洗毛巾、浴巾，清洗日晒生活用品，阻断间接传染途径。

**【想一想】** 扁平疣和寻常疣有哪些区别？

**【敲重点】** 扁平疣临床表现、临床诊断及鉴别、预防。

## 第九节 汗管瘤

汗管瘤为小汗腺末端导管分化的一种腺瘤。

### 一、病因和发病机制

汗管瘤是小汗腺末端导管分化畸形产生的。具体病因尚未完全明确，可能与基因缺陷有关。汗管瘤的病情会在青春期、妊娠期、月经前期和使用雌激素时加重，所以该疾病的病因还可能与内分泌因素有关。

### 二、临床表现

多累及青年女性，在青春期可加重，部分患者有家族史。常对称分布于眼睑周围，亦见于前额、两颊、颈部、腹部和外阴，偶见单侧分布者，严重者可泛发。皮损呈肤色、淡黄色或褐黄色半球形或扁平丘疹，直径1～3mm，密集而不融合。常无自觉症状，发生于外阴者常伴剧痒。病程慢性，很少自行消退。皮损泛发分布者称为发疹性汗管瘤或汗管囊瘤。

### 三、临床诊断及鉴别

根据汗管瘤临床表现可以对该疾病进行诊断，同时还需要与以下疾病相互鉴别。

扁平疣的临床表现为丘疹扁平，常散在分布于面部和手背。

毛发上皮瘤的临床表现为皮损处丘疹较大，较坚实，其表面可见扩张的毛细血管，组织病理方面可见角质囊肿。某些情况下，汗管瘤和毛发上皮瘤可同时发生。

## 四、预防

注意健康饮食，避免接触刺激性化妆品。不要使用自制护肤品和自制面膜，防止滋生细菌伤害皮肤。根据皮肤管理师的指导选用化妆品。

**【想一想】** 汗管瘤的临床典型特点是什么？

**【敲重点】** 汗管瘤的临床表现、临床诊断及鉴别、预防。

**【本章小结】**

本章主要介绍了皮炎、日光性皮炎、激素依赖性皮炎、玫瑰痤疮等几种常见的皮肤疾病，旨在帮助皮肤管理师学习如何辨别一些常见的皮肤疾病，大致了解其致病原因，从而可以做到有针对性的预防，并帮助顾客养成科学的护肤习惯。

# 【职业技能训练题目】

## 一、填空题

1.（ ），原称酒渣鼻，是一种好发于（ ）、以持久性红斑与毛细血管扩张为主的慢性炎症性皮肤病。

2.引发日光性皮炎皮损的主要是（ ），但（ ）能加强UVB诱导产生的红斑效应。

3.（ ）是因长期反复不当的外用激素引起的皮肤炎症症状。

## 二、单选题

1. 下列选项中对日光性皮炎症状严重皮损的描述，正确是（　）。

   A. 可能出现紧致发亮的水疱，疱内存有澄清淡黄色浆液，水疱破烂后不久就变干结痂，加重色素沉着现象

   B. 可能出现炎性水肿，皮肤泛红，伴随烧灼不适感和急性的脓疱疹

   C. 可能在肘窝、腘窝和小腿伸侧出现干燥肥厚的皮疹

   D. 可能在晒伤处出现浅褐、紫褐到深黑色不等的色素沉着，边界清楚，一般无自觉症状

2. 以下（　）不是激素依赖性皮炎的临床表现。

   A. 毛细血管扩张　　B. 痤疮样症状

   C. 毳毛减少　　D. 色素沉着

3. （　）是皮肤急性或慢性炎症后出现的色素沉着。

   A. 黄褐斑　　B. 雀斑

   C. 老年斑　　D. 炎症后色素沉着

4. （　）是身体机能减退，新陈代谢功能衰退，内脏老化，人体衰老的重要形态学标志。

   A. 老年斑　　B. 雀斑

   C. 湿疹　　D. 特应性皮炎

5. 关于急性湿疹和急性接触性皮炎说法正确的是（　）。

   A. 急性接触性皮炎发病多由内因导致

   B. 急性湿疹发病仅由外因导致

   C. 急性接触性皮炎的典型皮损为边界不清楚的红斑，皮损形态与接触物无关

   D. 急性接触性皮炎严重时可有大疱，破溃后偶可发生组织坏死

## 三、多选题

1. 玫瑰痤疮的临床基本类型包括（　）。

   A. 红斑毛细血管扩张型　　B. 丘疹脓疱型

   C. 鼻赘型　　D. 眼型

   E. 激素依赖型

2. 日光性皮炎的诱发因素主要包括（　）。

A. 自身免疫功能异常
B. 使用温凉水洁面
C. 食用含糖量较高的食物
D. 日光中的紫外线过度照射
E. 人乳头瘤病毒

3. 关于激素依赖性皮炎，描述正确的有（　）。

A. 长期外用激素使皮肤变薄
B. 临床表现为红斑或潮红、水肿、丘疹、脓疱或痤疮样皮损、脱屑等
C. 皮肤自觉灼热、瘙痒、紧绷、疼痛
D. 表皮的屏障功能受损而使经皮水分丢失减少
E. 该病症的典型特点是存在激素用药的反跳现象

4. 刺激性接触性皮炎的共同特点有（　）。

A. 任何人接触后均可发病
B. 无潜伏期
C. 皮损多限于直接接触部位，边界清楚
D. 停止接触后皮损可消退
E. 皮损往往呈广泛性、对称性分布

5. 扁平疣又称青年扁平疣，是由人乳头瘤病毒引起的皮肤的扁平丘疹损害，可以通过（　）感染。

A. 其他动物交叉致病
B. 消化道传染
C. 直接接触
D. 自身接种
E. 间接接触

## 四、简答题

1. 简述日光性皮炎的预防要点。

2. 简述激素依赖性皮炎的预防要点。

# 第二章 化妆品的感官评价

【知识目标】

1. 了解化妆品感官评价的差别检验法、标度和类别检验法、描述型分析检验法。
2. 了解化妆品感官评价实施要求和应用范围。
3. 熟悉化妆品感官评价的定义、作用与指标。
4. 熟悉化妆品感官评价的适用性和偏好型检验法。
5. 熟悉化妆品感官评价方式。
6. 熟悉化妆品的喜好度评价。
7. 掌握化妆品适用性感官评价和常见化妆品质量优劣的感官鉴别。

【技能目标】

1. 具备感官评价化妆品适用性的能力。
2. 具备感官鉴别常见化妆品质量优劣的能力。

【思政目标】

1. 在化妆品的适用性感官评价的实践中，掌握理论联系实际、在实践中发现和检验真理的方法。
2. 在工作中培养敢于创新，乐于创新的精神。

【思维导图】

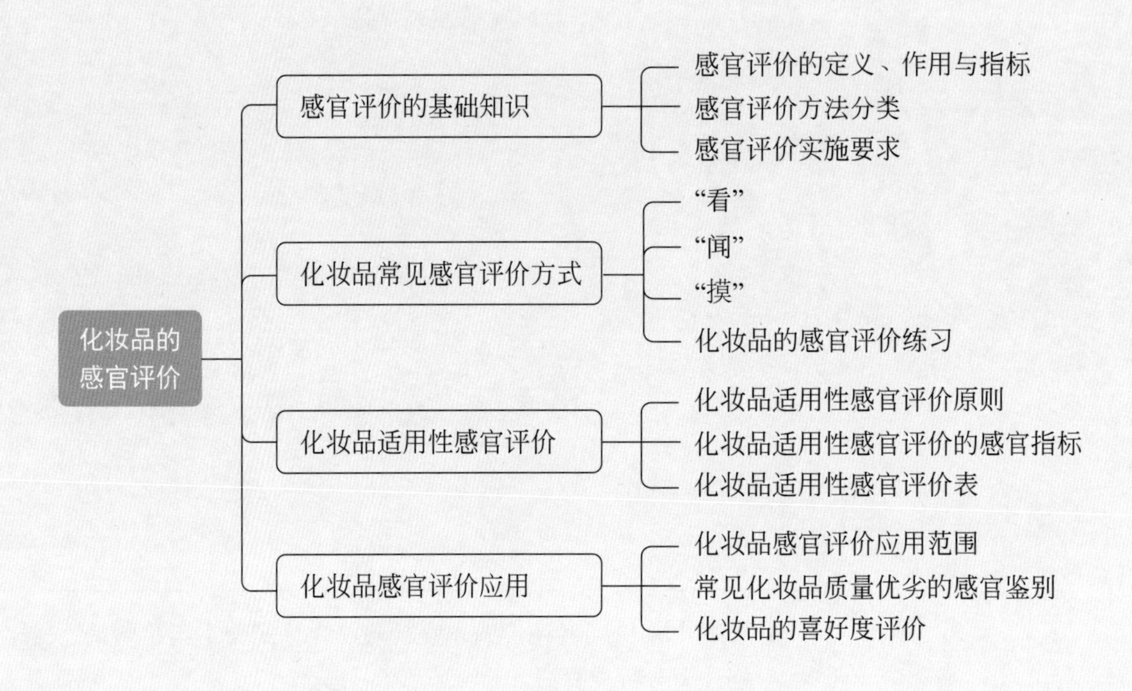


化妆品的安全性、功效性和适用性对消费者意义重大。化妆品是生理和心理综合效果的消费品，其外观、气味及良好的使用感、舒适感和它的安全性、功效性、适用性极大地影响着顾客的接受程度和使用效果，因此感官评价在化妆品行业产品研发、质量控制和顾客皮肤管理过程中越来越重要。感官评价不仅实用性强、可行性强、灵敏度高，并且解决了一般理化分析不能解决的生理感受问题。

# 第一节　感官评价的基础知识

## 一、感官评价的定义、作用与指标

### 1.感官评价的定义

感官评价是用感觉器官对产品特性进行评价的一门科学。化妆品感官评价是对化妆品的使用肤感等主观宣称进行验证的评价方法，是人们通过视觉、嗅觉、触觉、自觉等感觉感知物质特征、性质的一种科学方法。

2.感官评价的作用

感官评价已经成为产品质量管理、新产品开发、市场预测和消费者心理研究等方面的常用手段。感官评价的主要作用是引入可提供作为决策依据的数据的真实可靠的实验方法及信息。感官评价对评价产品的适用性、产品优劣和喜爱程度等非常重要。

3.感官评价的指标

化妆品的感官评价指标一般分为以下几个方面。化妆品的感官评价结果见图2-1。

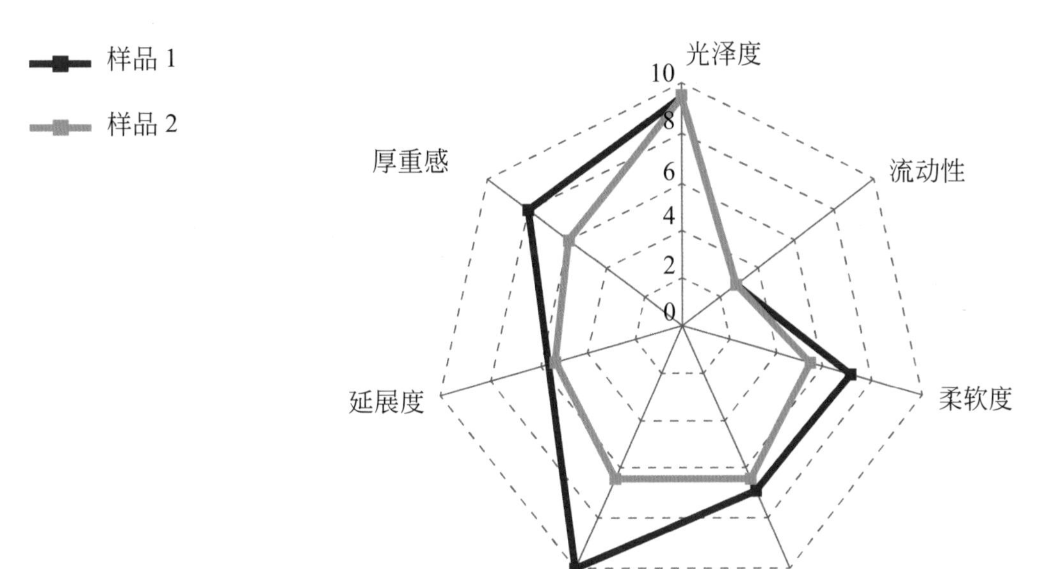


图 2-1 化妆品的感官评价结果

① 外观：颜色、光泽度、肤色自然度等。

② 气味：香味类型、浓度、气味愉悦感等。

③ 质地：延展性、光滑度、柔软度、黏稠度、挑起性、粒度、流动性等。

④ 肤感：舒适度、水润感、油润感、厚重感、吸收性、黏腻感、滋润感等。

## 二、感官评价方法分类

实际感官评价过程中存在许多局限性。评价人员作为感觉评价的“测量仪器”，容易被各种生理和心理因素干扰，例如反复评价后敏感度降低或改变、从众心理、逻辑错误等。为了得到客观真实的评估结果，尽量排除这些因素对评价人员的影响，我们需要合适的实验设计和统计分析方法。常用的感官评价方法根据具体目的和要求可分为四大类。其中，差别检验法、标度和类别检验法、描述型分析检验法的评价人员一般为实验室人员，重点是对化妆品特性的感官评价；适用性和偏好型检验法的评价人员由皮肤管理师与顾客共同组成，重点是对化妆品使用后适用性的感官评价，也是皮肤管理师帮助顾客正确选择与使用化妆品的重要依据。

1. 差别检验法

差别检验法是确定两个或两个以上化妆品间是否存在差异的试验方法。此法可以用来进一步确定成分、工艺、包装及储存期的改变是否对化妆品带来影响，也可用来筛选和培训检验人员。

2. 标度和类别检验法

标度和类别检验法根据差异的大小，对化妆品进行排序、等级划分或产品归类等。此法可分析多个化妆品之间感官特性的差异。

3. 描述型分析检验法

描述型分析检验法利用描述术语客观地评价化妆品的感官特性以及每种特性的强度，为化妆品提供量化描述，通过数据分析，可识别化妆品中的特殊感官特性。

4. 适用性和偏好型检验法

适用性和偏好型检验法是评估化妆品适用性和对化妆品喜好程度的感官评价方法。其中，化妆品适用性感官评价是由皮肤管理师和顾客在选择和使用化妆品后共同完成的，此方法主要从视觉、触觉和自觉三个方面进行评价。一般情况下，化妆品使用后，皮肤自觉舒适；视觉上通透、有光泽；触觉上光滑、细腻、有弹性、肤温微凉，则此化妆品适用性较好。在此基础上，顾客再结合自己的喜好，进行偏好型感官评价，评价其对化妆品的喜爱程度。

## 三、感官评价实施要求

感官评价前，需最大限度减低外界因素的干扰，严格遵守对照和随机的原则进行试验方案设计。

1.测试环境的条件

评价人员需在单独的检验室进行感官评价。检验室内应有充足的灯光，墙壁应为令人轻松的浅色，室内环境保持安静舒适，干净无异味，控制温湿度，温度20～25℃，湿度45%～55%。

2.样品的准备

在感官评价中，需建立标准的准备程序，包含使用仪器的校正、盛装产品容器的准备、取样及预处理等。准备样品和呈送样品都要在一定的控制条件下进行，包括样品体积和呈送的时间间隔等。此外，被检验的样品需进行随机编号。

3.感官评价人员要求

感官评价主观性较强，感官评价人员的能力直接影响结果。因此，感官评价对参评人员有以下要求。

① 感官评价人员需具有较高的感官敏感性和准确性，可以良好地表达皮肤的感觉，能够对产品特征进行客观评价。评价人员身体状态良好，如果感觉特别迟钝或身体不适，如感冒或发烧、患有皮肤系统疾病、精神抑郁等，都不宜参加感官评价工作。此外，评价人员需具有一定生产知识和经验，责任感强。

② 感官评价人员需接受相关培训，熟悉实验程序、评价方法、问卷和时间安排，理解所要评定产品的每一项指标。

③ 每次试验尽量配备多个感官评价人员。不同种族人群的皮肤结构通常会存在差异，尤其在皮肤厚度、含水量以及脂质含量等方面差异明显，在一些特定实验中还需要考虑人群的皮肤类型。

④ 最好采取“双盲”形式，即评价人员不知道被测产品的真实信息，也不了解其他感官评价人员的感受。

**【想一想】** 对顾客和皮肤管理师来说，化妆品的感官评价有什么作用？

---

**【敲重点】**

1.感官评价的定义、作用及指标。

2.感官评价方法分类。

3.感官评价实施要求。

# 第二节　化妆品常见感官评价方式

化妆品常常通过“一看，二闻，三摸”的方式进行感官评价，其实就是通过眼、鼻、手的感知对产品实施感官评价。掌握感官评价的简易方法，不仅有助于皮肤管理师对化妆品进行选择，也有助于顾客自行对化妆品的质地进行比较和辨别。

## 一、“看”

化妆品一般对外观有要求。优质的膏霜乳剂型化妆品应看上去自然有光泽；液状化妆品应清澈透明，无沉淀、浑浊现象；有色化妆品应色泽纯正均匀，无变色。

评价时，在室内无阳光直射且光线充足的地方对化妆品进行观察，色泽、质地应符合规定要求；或者将化妆品涂抹在手腕上进行观察（图2-2）。

图 2-2 “看”外观

## 二、“闻”

化妆品一般气味不浓，香味令人愉悦，无异味。如果气味过浓，化妆品一般添加了过量香精。此外，当有刺激性或令人不悦的气味时，化妆品可能被微生物污染，不再适合使用，此时化妆品的外观也会发生变化。

评价时，将化妆品的包装打开，鼻子靠近轻嗅，注意不触碰产品（图2-3）。

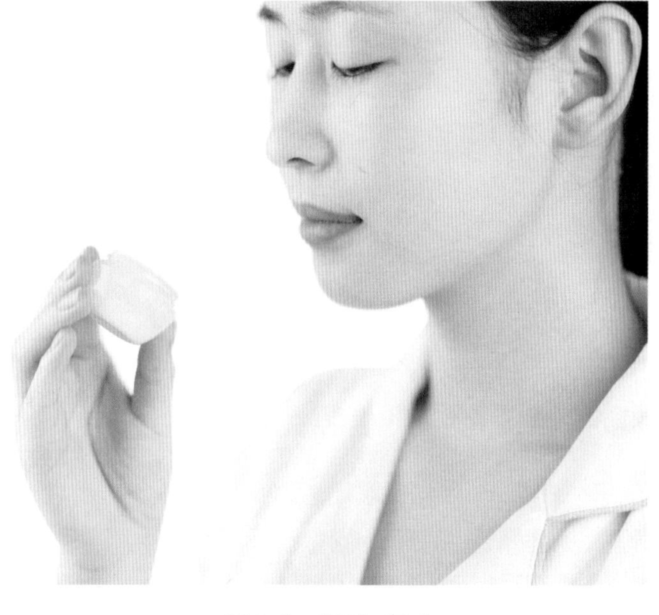

图2-3 “闻”气味

## 三、“摸”

化妆品检验时，用拇指、食指、中指将产品反复摩擦；或用中指、无名指将产品均匀涂抹在手腕关节活动处，然后手腕上下活动几下，几秒后，可利用指腹触摸皮肤表面或直接目测，如果化妆品均匀且紧密地附着在皮肤上，且手腕上有皮纹的部位没有条纹的痕迹时，则此化妆品质地细腻；反之，如果有粗糙感或有微粒状，说明这种化妆品质地不佳（图2-4）。

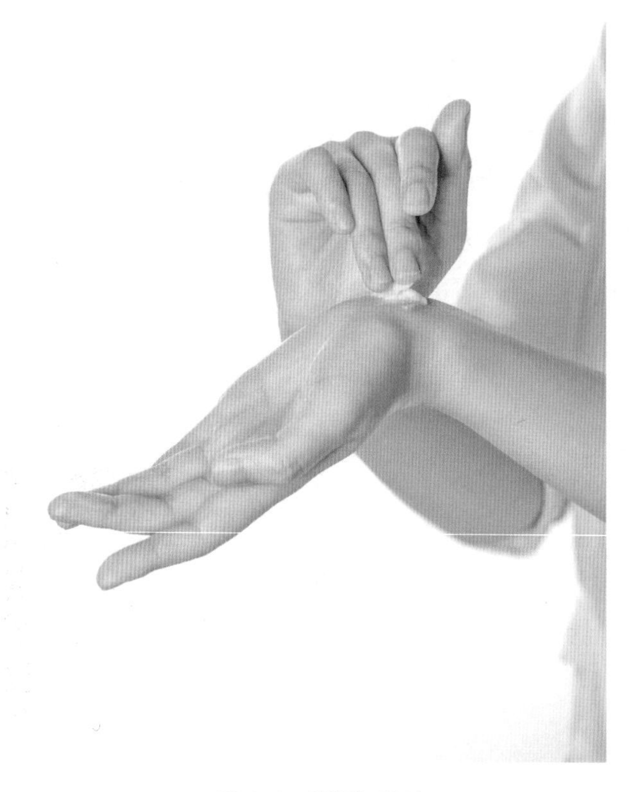

图 2-4 “摸”质地

不同剂型化妆品的外观质地要求见表2-1，不同剂型化妆品外观质地见图2-5。

表 2-1 不同剂型化妆品的外观质地要求

| 剂型 | 外观质地要求 |
|---|---|
| 粉剂 | 粉质细腻、均匀、滑爽、无粗粒、无结块 |
| 块状或泥 | 软硬度适宜；常温下不变形、不发汗、不干裂 |
| 膏霜 | 外观应光洁柔滑、稠度适当，料体细腻均匀，不得有结块、发稀，均匀无杂质、无粗颗粒，更不得有剧烈干缩等现象 |
| 蜡基 | 膏体软硬适度，应能牢固地保持原有外形，表面光洁细腻、油润性好，不应有明显的划伤、裂纹，无气泡 |
| 乳液 | 具有一定的流动性且表面光滑、乳化均匀、无杂质，无乳粒过粗或油水分层现象 |
| 液体 | 清澈透明，无任何沉淀、浑浊、明显杂质和黑点 |
| 凝胶 | 透明，均匀、细腻、无结块，在常温时保持胶状、不干涸或液化状态 |

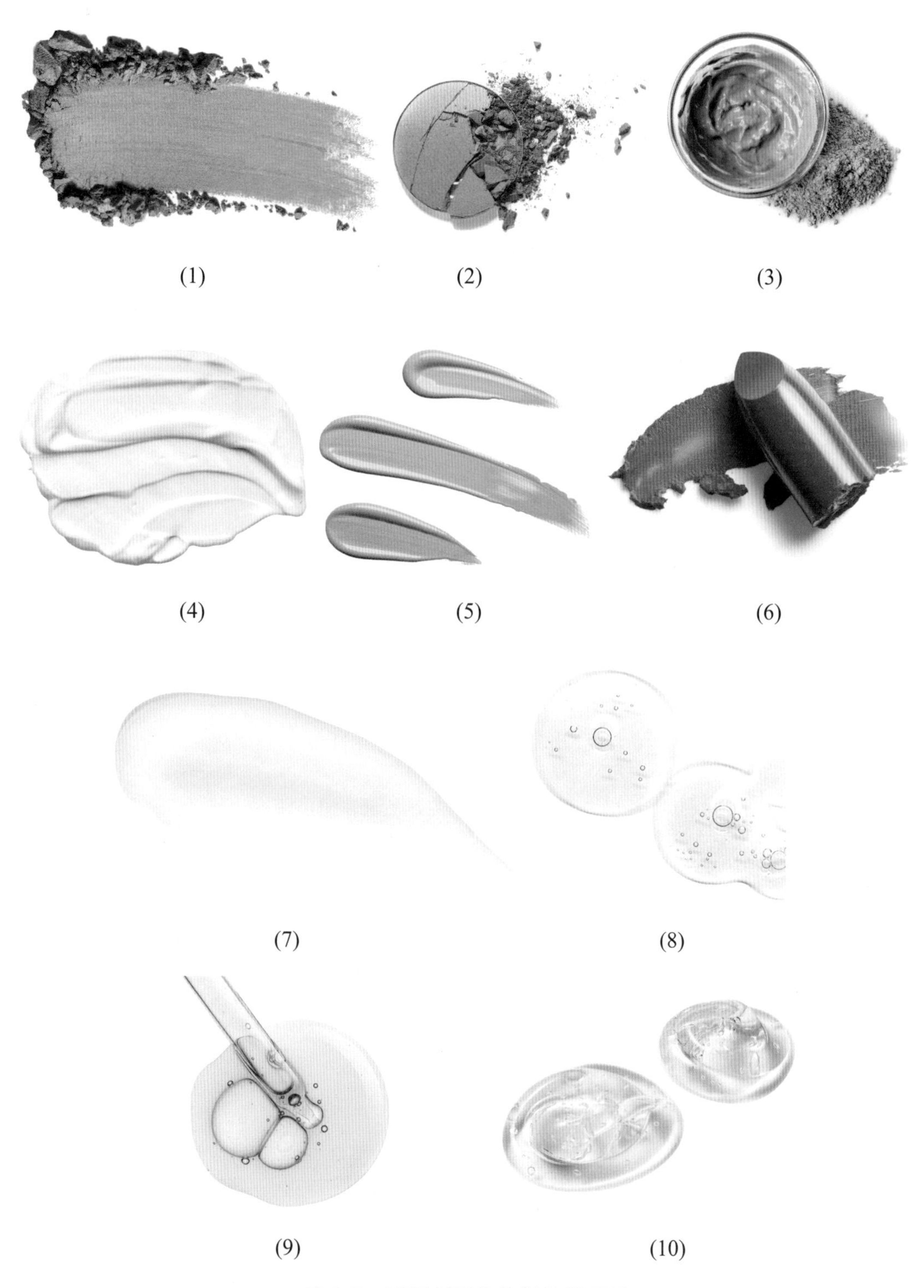

(1) (2) (3)

(4) (5) (6)

(7) (8)

(9) (10)

图 2-5 不同剂型化妆品外观质地

（1）—粉剂；（2）—块状；（3）—泥；（4）—膏霜-膏；（5）—膏霜-霜；（6）—蜡基；（7）—乳液；（8）—液体-水；（9）—液体-油；（10）—凝胶

评价人员在对化妆品进行感官评价时，描述肤感的常见术语见表2-2。

表2-2　描述肤感的常见术语

| 分类/术语 | 解释 | 标度 | |
|---|---|---|---|
| 峰高 | 产品保持自身形态的能力、尖峰的程度 | 弱 | 强 |
| 光亮度 | 产品表面反射光线的量或程度 | 暗淡 | 光亮 |
| 坚实度 | 产品所能保持自身形态的能力，手指完全压平产品所需的力 | 不用力 | 用力 |
| 挑起性 | 从容器中取出产品的容易程度 | 困难 | 容易 |
| 拉丝性（黏结性） | 用手指分开样品形变或拉丝而不断裂的力量 | 不用力 | 用力 |
| 水润性 | 涂抹时感觉到水润的程度 | 小 | 大 |
| 油润性 | 涂抹时感觉到油润的程度 | 小 | 大 |
| 稠度 | 在手指和皮肤之间感觉到产品的量 | 无/稀 | 大量/稠 |
| 延展性 | 产品在皮肤延展的容易程度，是否易于涂抹 | 困难 | 容易 |
| 厚重感 | 评价产品吸收后皮肤感受到的产品量，间接评估吸收程度及产品透气程度 | 无 | 厚重 |
| 吸收性 | 通过产品吸收的涂抹圈数，间接评估吸收程度 | 困难 | 容易 |
| 光泽度 | 涂抹产品后，在皮肤上反射光线的量或程度 | 暗 | 亮 |
| 光滑度 | 感受手指滑过皮肤的容易程度 | 弱 | 强 |
| 黏腻感 | 涂抹产品后，皮肤的黏腻程度 | 无 | 黏腻 |

## 四、化妆品的感官评价练习

化妆品感官评价人员不仅要熟悉产品的作用，还要能对产品性质有准确地描述。表2-3以护肤类面霜为例，列出了感官评价的基础指标。

表 2-3 面霜感官评价表（差别检验法）

项目编码：　　　　　　　　评价人员姓名：　　　　　　　　日期：

| 步骤 | 感官指标 | 指标介绍 | 属性强的样品编码 |
| --- | --- | --- | --- |
| 气味评价 | 气味愉悦感 | 产品气味令人愉悦的程度。气味浓烈程度越小、香型越令人愉悦，气味愉悦感越强<br>要点：短暂地打开瓶盖，浅短地嗅闻样品 | |
| 挑起阶段评价 | 挑起性 | 产品从容器中被取出的容易程度。用产品黏到手指上的量来表征，量越大，挑起性越大<br>要点：轻轻点触后，将指腹抬起，评估指腹上产品的量 | |
| 涂抹阶段评价（涂抹15圈后） | 延展性 | 产品在皮肤上延展的容易程度。阻力越小，越容易延展<br>要点：必须涂满划定的区域，手法轻柔，涂抹15圈后开始进行评价 | |
| | 水润感（湿润度） | 产品给予皮肤水润感觉的程度。用产品含水量表征，感受水分越多，产品水润感越强<br>要点：涂抹15圈后抹动评价，仔细感受样品的含水量 | |
| | 油润感 | 产品给予皮肤油润感觉的程度。用产品含油量表征，感受油分越多，产品油润感越强<br>要点：涂抹15圈后抹动评价，略微用力，仔细感受样品的含油量 | |
| | 厚重感 | 涂抹时皮肤感受到的产品量，间接评估吸收程度及产品透气程度。用指腹和皮肤之间感受到的产品量来表征，量越大，越厚重<br>要点：涂抹15圈后抹动评价，正常力度，感受产品在皮肤上形成膜的厚度 | |
| 涂抹阶段评价（重新取产品于新的测试区涂抹） | 吸收性 | 通过产品吸收（失去水分，不再继续吸收、继续涂抹肤感相同）所用涂抹圈数间接判断吸收产品的容易程度，圈数越少，吸收性越好<br>要点：重新取产品于新的测试区涂抹，当涂抹圈数大于等于130圈时，感官敏感性下降，准确性降低，以130圈为上限 | |

续表

| 步骤 | 感官指标 | 指标介绍 | 属性强的样品编码 |
| --- | --- | --- | --- |
| 涂后阶段评价（吸收后间隔5分钟） | 光泽度 | 涂抹产品后在皮肤上反射光线的程度。反光程度越高，亮度越大 | |
| | 黏腻感 | 产品残留膜的黏腻程度。通过感受手指离开皮肤表面的容易程度或手指黏附残留产品的程度来表征 | |
| | 光滑度 | 感受手指滑过皮肤的容易程度 | |
| | 厚重感 | 产品吸收后皮肤感受到的产品量，间接评估吸收程度及产品透气程度。用指腹和皮肤之间感受到的产品量来表征，量越大，越厚重<br>要点：正常力度摸拭残留膜，通过感受产品的量来判断，或可通过评估产品带给皮肤的透气感觉来判断 | |
| | 湿润感保持度 | 皮肤湿润度的持久性。通过皮肤湿润度（含水/油的多少）或手指在皮肤上移动时感受皮肤的含水量来表征。皮肤含水量越高，湿润感越强<br>要点：评估产品使用后，皮肤保持湿润的时间长短 | |

【课程资源包】

差别检验法

【想一想】 如何进行化妆品的感官评价？通过感官评价，我们可以得到哪些结论？

【敲重点】

1. 化妆品常见感官评价方式。
2. 面霜的感官评价练习。

# 第三节 化妆品适用性感官评价

化妆品适用性感官评价常被皮肤管理师和顾客用于评价化妆品的适用性，皮肤管理师会结合顾客的反馈及时调整产品搭配及使用方案，以保证顾客的美肤效果。

## 一、化妆品适用性感官评价原则

皮肤管理师在工作中，常会被顾客问到什么是好的化妆品。其实，好的化妆品最重要的就是要根据顾客的皮肤状态，选择适合其使用的化妆品，故化妆品适用性感官评价就极其重要。化妆品适用性感官评价要严格遵循以下两个原则：第一，皮肤管理师和顾客共同完成；第二，顾客在使用产品后，皮肤管理师和顾客需从视觉、触觉和自觉三个方面进行评价。

## 二、化妆品适用性感官评价的感官指标

### 1.清洁类产品适用性感官评价的感官指标

清洁类产品应关注产品使用后皮肤的洁净度、产品的冲洗性及顾客皮肤的舒适度。从视觉上，顾客面部的彩妆或其他污垢应被清洁干净；从触觉上，顾客皮肤应无产品残留导致的滑腻感；从自觉上，顾客皮肤应自觉舒适，无干涩、紧绷等其他不适感（表2-4）。

表 2-4 清洁类产品适用性感官评价的常见感官指标

| 评价方式 | 感官指标 | 介绍 |
|---|---|---|
| 视觉 | 洁净度 | 产品清洁面部污垢的干净程度 |
| 触觉 | 冲洗性 | 产品被冲洗干净的容易程度。产品越不易冲洗，残留量越大，皮肤的触感越滑腻 |
| 自觉 | 舒适度 | 使用产品后，皮肤自觉舒适的程度。当舒适度好时，皮肤舒适无任何感觉；当舒适度差时，皮肤有干涩、紧绷等不适感 |

### 2.护肤类产品适用性感官评价的感官指标

护肤类水、乳、霜等剂型产品，从补水、滋润、保湿等方面，可分为清润、中润和倍润。一般情况下，清润产品适合油性皮肤，中润产品适合中性及油性缺水性皮肤，倍润产品适合干性皮肤。

护肤类产品应关注产品使用后皮肤的光泽度、湿润度、舒适度等特性。从视觉上，顾客皮肤应通透、有光泽；从触觉上，顾客皮肤应易吸收产品、柔润、光滑、有弹性、肤温微凉、持久湿润；从自觉上，顾客的皮肤应自觉舒适，无厚重感或自觉热、痒、紧绷、胀、刺痛等其他不适感（表2-5）。

表 2-5　护肤类产品适用性感官评价的常见感官指标

| 评价方式 | 感官指标 | 介绍 |
| --- | --- | --- |
| 视觉 | 光泽度 | 涂抹产品后，皮肤反射光线的量或程度 |
| | 通透度 | 涂抹产品后，皮肤折射光线的量或程度 |
| 触觉 | 吸收性 | 涂抹产品时，皮肤吸收产品的容易程度。当产品吸收时，所用的涂抹遍数及时间越少，产品吸收性越好 |
| | 柔软度 | 涂抹产品后，皮肤的柔软程度 |
| | 湿润度 | 涂抹产品后，皮肤的湿润程度 |
| | 光滑度 | 涂抹产品后，皮肤的光滑程度 |
| | 弹性 | 涂抹产品后，皮肤的弹性程度 |
| | 肤温 | 涂抹产品后，皮肤的温度 |
| | 湿润感保持度 | 涂抹产品后，皮肤湿润度的持久性 |
| 自觉 | 舒适度 | 涂抹产品后，皮肤自觉舒适的程度。当舒适度好时，皮肤舒适无任何感觉；当舒适度差时，皮肤有厚重感或有热、痒、紧绷、胀、刺痛等不适感 |

### 3.防护类产品适用性感官评价的感官指标

防护类产品应关注产品使用后皮肤的肤色自然度、肤温、舒适度等特性。从视觉上，产品应在顾客皮肤上服帖、均匀、自然，使皮肤呈现良好的肤质效果；从触觉上，产品应易于涂抹，顾客的皮肤应湿润、肤温微凉；从自觉上，顾客的皮肤应自觉舒适，无厚重感或干涩、紧绷等其他不适感（表2-6）。

表 2-6 防护类产品适用性感官评价的常见感官指标

| 评价方式 | 感官指标 | 介绍 |
| --- | --- | --- |
| 视觉 | 服帖度 | 涂抹产品后，产品在皮肤上的服帖程度 |
| | 均匀度 | 涂抹产品后，产品在皮肤上的均匀程度 |
| | 肤色自然度 | 涂抹产品后，皮肤肤色自然的程度 |
| | 肤质效果 | 涂抹产品后，皮肤呈现的状态。当肤质效果好时，皮肤细腻、白皙 |
| 触觉 | 延展性 | 涂抹产品时，产品在皮肤上移动的容易程度。阻力越小，越容易延展 |
| | 湿润度 | 涂抹产品后，皮肤的湿润程度 |
| | 肤温 | 涂抹产品后，皮肤的温度 |
| 自觉 | 舒适度 | 涂抹产品后，皮肤自觉舒适的程度。当舒适度好时，皮肤舒适无任何感觉；当舒适度差时，皮肤有厚重感或干涩、紧绷等不适感 |

【课程资源包】
化妆品适用性感官评价示例

【课程资源包】
高级实操指导

## 三、化妆品适用性感官评价表

化妆品适用性感官评价表见表2-7。

表 2-7　化妆品适用性感官评价表

编号：　　　　　　　　　　　　皮肤管理师：

<table>
<tr><td>姓名</td><td></td><td>联系电话</td><td></td><td>日期</td><td>年　月　日</td></tr>
<tr><td rowspan="3">清洁</td><td>洁净度</td><td colspan="4">□好　□差</td></tr>
<tr><td>冲洗性</td><td colspan="4">□易冲洗　□不易冲洗</td></tr>
<tr><td>舒适度</td><td colspan="4">□舒适　□不舒适（□干涩、紧绷　□其他______）</td></tr>
<tr><td rowspan="11">护肤</td><td>吸收性</td><td colspan="4">□好　□一般　□差</td></tr>
<tr><td>柔软度</td><td colspan="4">□好　□一般　□差</td></tr>
<tr><td>湿润度</td><td colspan="4">□好　□一般　□差</td></tr>
<tr><td>光滑度</td><td colspan="4">□好　□一般　□差</td></tr>
<tr><td>弹性</td><td colspan="4">□好　□一般　□差</td></tr>
<tr><td>肤温</td><td colspan="4">□微凉　□较高</td></tr>
<tr><td>光泽度</td><td colspan="4">□好　□一般　□差</td></tr>
<tr><td>通透度</td><td colspan="4">□好　□一般　□差</td></tr>
<tr><td>湿润感保持度</td><td colspan="4">□好　□一般　□差</td></tr>
<tr><td>舒适度</td><td colspan="4">□舒适<br>□不舒适（□厚重感　□热　□痒　□紧绷　□胀　□刺痛<br>□其他______）</td></tr>
<tr><td rowspan="8">防护</td><td>延展性</td><td colspan="4">□好　□一般　□差</td></tr>
<tr><td>湿润度</td><td colspan="4">□好　□一般　□差</td></tr>
<tr><td>肤温</td><td colspan="4">□微凉　□较高</td></tr>
<tr><td>服帖度</td><td colspan="4">□好　□一般　□差</td></tr>
<tr><td>均匀度</td><td colspan="4">□好　□一般　□差</td></tr>
<tr><td>肤色自然度</td><td colspan="4">□好　□一般　□差</td></tr>
<tr><td>肤质效果</td><td colspan="4">□细腻　□白皙　□其他______</td></tr>
<tr><td>舒适度</td><td colspan="4">□舒适<br>□不舒适（□厚重感　□干涩、紧绷　□其他______）</td></tr>
<tr><td colspan="6">顾客签字：<br>皮肤管理师签字：</td></tr>
</table>

**【想一想】** 化妆品适用性感官评价为什么需要皮肤管理师和顾客共同完成？

---

**【敲重点】**
1. 化妆品适用性感官评价原则。
2. 化妆品适用性感官评价的感官指标。
3. 化妆品适用性感官评价表的内容。

## 第四节 化妆品感官评价应用

皮肤管理师应该清楚化妆品与人体皮肤感觉关系非常密切。感官评价结果对于产品来说不仅意味着细微的差异性、顾客的喜好度，更重要的是它还与产品的安全性、功效性有关。

### 一、化妆品感官评价应用范围

一般来说，可根据不同目的和适用范围进行化妆品感官评价。

#### 1.产品的适用性

皮肤管理师和顾客通过化妆品适用性感官评价共同评估化妆品的适用性，可及时调整产品搭配及使用方案，保证顾客的美肤效果。

#### 2.新产品开发

产品开发人员需要了解产品各方面的感官性质，以及与市场中同类产品相比，顾客对新产品的接受程度。

#### 3.产品批次检验

目的是检验产品批次质量稳定程度，无质量差异。

4.产品改进

第一，确定哪些感官指标需要改进；第二，确定试验产品同原产品的确有所差异；第三，确定试验产品比原产品有更高的接受度。

5.工艺过程的改变、降低成本（如改变原料来源）

确定不存在差异；如果存在差异，可以使用描述分析以对差异有明确认识，确定顾客对该差异的态度。

6.产品质量控制

在产品的制造、运输和销售过程中分别取样检验，以保证产品的质量稳定性。

7.储存期间的稳定性

在一定储存期之后对现有产品和试验产品进行对比，明确差异出现的时间。

8.产品分级

通常在政府监督下进行或者在第三方检验机构进行，具有一定权威性。

9.顾客接受性

在经过实验室阶段之后，将产品分散到某一中心地点或由顾客带回家进行评价，以确定顾客对产品的反应；通过接受性试验可以明确该产品的市场定位及需要改进的方面。

10.顾客喜好情况

在进行真正的市场检验之前，通过感官评价进行顾客喜好试验；员工的喜好试验不能用来取代顾客试验，但如果通过以往的顾客试验对产品的某些关键指标的顾客喜好有所了解时，员工的喜好试验可以减少顾客试验的规模和成本。

11.评价人员的筛选和培训

化妆品感官评价是筛选和培训评价人员的必要流程和主要学习内容，通常包括敏感性试验、差别试验和描述试验等。

12.感官检验同物理、化学检验之间的关系

感官检验的目的通常有两个，一是通过试验分析来减少需要评价的样品数量；二

是研究物理、化学因素同感官因素之间的关系。

## 二、常见化妆品质量优劣的感官鉴别

顾客既可以通过化妆品外包装、标签标识、说明书和生产日期、批号等信息识别化妆品的合格性，也可以通过感官评价来判断其质量优劣。顾客在尝试新的产品时，建议对化妆品进行简单的感官鉴别。常见的化妆品质量安全问题包括微生物指标不合格、质量指标不合格、禁限用物质超标，可通过产品的外观、气味和使用感觉鉴别。表2-8是常见护肤类化妆品容易出现的质量问题。图2-6是常见护肤类化妆品的质量问题。

### 1.从外观上鉴别

正常化妆品的颜色鲜明柔和、质地细腻。如果存在颜色灰暗污浊、深浅不一、出现絮状物或油水分离等现象，则说明化妆品有质量问题，不能使用。化妆品原有颜色发生变化，如出现变黄、发褐或发黑现象，是由于细菌产生了色素；出现绿色、黄色、黑色等霉斑，是由于潮湿的环境导致霉菌污染化妆品；出现絮状或发散现象，是由于在温度较高的情况下膏体内的细菌繁殖产生二氧化碳气体；出现变稀出水现象，是由于微生物能使化妆品中的蛋白质和脂类分解，导致膏霜乳破乳。

### 2.从气味上鉴别

化妆品的气味有的淡雅，有的浓烈，各不相同，但都很纯正。如果闻起来有刺鼻异味，则说明化妆品是伪劣或变质产品。化妆品有气泡和怪味是由于微生物发酵促使化妆品中的有机物分解产酸、产气。

### 3.从使用感觉上鉴别

取少许化妆品轻抹在健康皮肤上，如果在皮肤上均匀、服帖，并且有润滑舒适的感觉，则化妆品质地细腻、质量安全；如果涂抹后有粗糙、发黏感，甚至皮肤刺痒、干涩，则化妆品质量不佳。此外，健康皮肤的顾客涂抹化妆品后如出现红、肿、热、痒、胀、刺痛等敏感现象，则该化妆品不适合其使用，需立即停用，并寻求专业人员的帮助。

表 2-8　常见护肤类化妆品容易出现的质量问题

<table>
<tr><th>类型</th><th>质量问题</th><th>可能原因</th><th>举例</th></tr>
<tr><td rowspan="2">外观</td><td>变色（变黄、发褐、发黑，出现霉斑）</td><td rowspan="4">原料不稳定、配方不合理、微生物污染、质量不合格、储藏方式不正确</td><td rowspan="4">1.洁面产品出现变色、变味，出现浑浊或沉淀，使用时有粗糙感<br>2.水剂产品出现变色、变味，出现浑浊或沉淀<br>3.膏霜乳出现油水分离或严重干缩、变色、变味、黏度改变，使用时有粗糙感或出现“拉白条”现象<br>4.面膜出现变色、变味、变稀、变干等现象<br>5.粉类产品出现变色、变味、成团、结块、色泽不均匀、黏附性差、使用时不够服帖等现象</td></tr>
<tr><td>质地改变（浑浊、油水分离或严重干缩、出现絮状物等）</td></tr>
<tr><td>气味</td><td>变味（刺鼻异味、发酸等）</td></tr>
<tr><td>使用感受</td><td>肤感改变（粗糙感、黏腻感等）、皮肤过敏</td></tr>
</table>

图 2-6　常见护肤类化妆品的质量问题

（1）—眼影变色、结块、色泽不均匀；（2）—面霜严重干缩；（3）—面霜发霉、产生气泡；（4）—乳液油水分离；（5）—化妆水浑浊、变色

## 三、化妆品的喜好度评价

随着市场的变化，化妆品越来越多元化，顾客的要求也越来越高，广大生产企业和研发机构非常重视顾客对化妆品的喜好度或接受度。

### 1.喜好度评价的目的

顾客喜好度测试已经被证明是大众消费品、大众服务或高端产品开发过程中非常有效的工具。市场调研人员会跟踪调研进行“使用态度、认知度及使用习惯测试”，来定期监测顾客的爱好及行为变化，为制订市场营销策略、新产品开发、竞品分析提供依据。

顾客喜好度测试通常是以顾客测试会的形式进行，一般招募300～500个目标人群代表，在3～4个城市进行大规模市场调研。对于一般产品来说，由于原材料和工艺流程的改变而需要进行评价的指标较多，全部由顾客来进行是不现实的，有时候可以由内部工作人员进行喜好度评价。

喜好度测试的方法多种多样，费用也较昂贵。其中，互联网测试是一种很好地接触目标顾客的方式，优点是耗时少、易执行、无地域限制、节省费用、容易找到大量目标消费群、有效性跟传统调研一样甚至更高等，而且可以直接形成数据库，但缺点是顾客容易忽略测试邀请。

### 2.化妆品喜好度评价的实施

#### （1）基本流程

首先要明确目的，认真设计方案，根据产品特点和调查目的设计好感官评价问卷，内容包括需要测试的所有指标。

再准备好产品并编上号，产品可以是试验前自行生产的，也可以是市场上购买的同类其他厂家样品。

然后挑选合适的评价人员，一般是目标消费群，也可以是产品研发人员或销售人员，要求精神状态正常，无身体不适，尽量覆盖不同肤质、不同年龄。

同时专门培训有关化妆品使用方面的知识，准备好后，要求评价人员按照正确使用方法分别试用各种样品，并统一评定尺度，按照问卷中列出的各项感官指标分别进行评价，将使用时和使用后的感觉填写在评价表中，最后汇总分析数据，得出最终评价。

如果测试方案不合理，问卷设计不专业，顾客招募出了问题，测试产品错误，或者在不合适的时间进行测试等都会造成测试结果错误。

（2）感官指标的量化

一般采用九点打分法，记录受试者感受的分值：打分范围从1到9，见表2-9。

每一项指标只能选择一个分值，并直接在对应分值下打“√”。

表 2-9　感受与对应分值

| 感受 | 非常喜欢（非常好） | 很喜欢（很好） | 一般喜欢（一般好） | 有点喜欢（有点好） | 无所谓 | 有点不喜欢（有点不好） | 一般不喜欢（一般不好） | 很不喜欢（很不好） | 非常不喜欢（非常不好） |
|---|---|---|---|---|---|---|---|---|---|
| 分值 | 9 | 8 | 7 | 6 | 5 | 4 | 3 | 2 | 1 |

也可以采用语言评价量化表，通过受试者的视觉、嗅觉、触觉和自觉比较化妆品对皮肤的效果，用“无效”“有效”“显著效果”等表示，对每一等级用语言文字做相应的描述，见表2-10，使受试者或研究者明确每一等级的具体含义。

表 2-10　感官指标与对应描述用语

| 指标 | 描述用语 |
|---|---|
| 产品的质地 | 柔滑细腻、颗粒感或粗糙 |
| 颜色 | 均匀度、柔和度、与肤色配合融洽度 |
| 香味 | 愉悦、刺鼻 |
| 延展性 | 是否容易涂抹 |
| 使用感 | 舒适；干涩、紧绷；厚重油腻 |
| 清洗后的皮肤感觉 | 皮肤洁净度、舒适度 |

研究者还可以对受试者使用化妆品前后的皮肤进行摄影，对比不同试验阶段的照片，获得产品在改善人体皮肤质地、颜色等方面的真实信息。

（3）化妆品喜好度评价注意事项

① 产品必须在有效使用期内。

② 所有产品都用玻璃瓶包装。

③ 感官评价试验在单独的感官评价室内进行，产品用3位随机数字编号，多种产品同时呈送，评价顺序随机。

④ 感官评价人员精神状态正常，无身体不适。试验前将手清洗干净，每人每次试用和评价一种产品。

⑤ 取样后立即盖好瓶盖，防止产品在空气中暴露时间过长。

⑥ 感官评价室环境温度20～25℃，湿度45%～55%。可以根据实际情况进行细微调控。

### 3.护肤类化妆品喜好度评价实例

以一种新护肤膏霜为例，要与市场上的竞争对手进行喜好度比较，研究其被顾客接受程度的差异性。

（1）试验方案

① 试验由感官评价人员进行，重复2次，分两天进行。

② 分别试用各种产品，按照表2-9中列出的各项感官指标分别进行打分，打分范围从1到9，每一项指标只能选择一个分值，并直接在对应分值下打“√”。

③ 产品可以是试验前自行生产的，也可以是市场上购买的同类其他厂家产品。

④ 感官评价室环境温度20～25℃，湿度45%～55%。

（2）喜好度评分表

喜好度评分表见表2-11。

（3）个人喜好度评价结果

经过上面的评价，请将产品按照你的喜好进行排序。

你最喜欢哪一个产品的外观：

你最喜欢哪一个产品的香气：

表 2-11　单一产品的各项指标的喜好度评分表

<table>
<tr><td>产品名称</td><td colspan="2"></td><td colspan="3">品牌 / 公司全称</td><td colspan="4"></td></tr>
<tr><td>生产批号</td><td colspan="2"></td><td colspan="3">评价人</td><td colspan="4"></td></tr>
<tr><td>产品来源</td><td colspan="2"></td><td colspan="3">年龄</td><td colspan="4"></td></tr>
<tr><td>销售价格</td><td colspan="2"></td><td colspan="3">性别</td><td colspan="4"></td></tr>
<tr><td>评估日期</td><td colspan="2"></td><td colspan="3">皮肤类型</td><td colspan="4"></td></tr>
<tr><td>形状描述</td><td colspan="9">☐膏霜　☐乳液　☐凝胶　☐液体　☐其他______</td></tr>
<tr><td rowspan="2">喜好度评分</td><td colspan="9">程度分值</td></tr>
<tr><td>9</td><td>8</td><td>7</td><td>6</td><td>5</td><td>4</td><td>3</td><td>2</td><td>1</td></tr>
<tr><td>1. 外观喜好度</td><td></td><td></td><td></td><td></td><td></td><td></td><td></td><td></td><td></td></tr>
<tr><td>2. 气味喜好度</td><td></td><td></td><td></td><td></td><td></td><td></td><td></td><td></td><td></td></tr>
<tr><td>3. 质地延展性</td><td></td><td></td><td></td><td></td><td></td><td></td><td></td><td></td><td></td></tr>
<tr><td>4. 瞬间保湿性</td><td></td><td></td><td></td><td></td><td></td><td></td><td></td><td></td><td></td></tr>
<tr><td>5. 持久保湿性</td><td></td><td></td><td></td><td></td><td></td><td></td><td></td><td></td><td></td></tr>
<tr><td>6. 吸收柔软性</td><td></td><td></td><td></td><td></td><td></td><td></td><td></td><td></td><td></td></tr>
<tr><td>7. 肌肤滋润性</td><td></td><td></td><td></td><td></td><td></td><td></td><td></td><td></td><td></td></tr>
<tr><td rowspan="2">8. 本产品你是否愿意购买？</td><td colspan="2">一定会买</td><td colspan="2">可能会买</td><td colspan="3">很可能不会买</td><td colspan="2">一定不会买</td></tr>
<tr><td colspan="2"></td><td colspan="2"></td><td colspan="3"></td><td colspan="2"></td></tr>
<tr><td colspan="10">9. 试用完这款产品，你有什么心得要和大家分享？（请在下方填写）</td></tr>
</table>

注：每一种产品需要完成一份相同的调查问卷，将结果进行对比。

（4）小组喜好度评价结果统计

本组评分结果统计，见表2-12。

表 2-12 喜好度结果统计表

<table>
<tr><td colspan="2" rowspan="2">平均分 / 评分项目</td><td colspan="5">样品编号</td></tr>
<tr><td>1</td><td>2</td><td>3</td><td>4</td><td>5</td></tr>
<tr><td colspan="2">1. 外观喜好度</td><td></td><td></td><td></td><td></td><td></td></tr>
<tr><td colspan="2">2. 气味喜好度</td><td></td><td></td><td></td><td></td><td></td></tr>
<tr><td colspan="2">3. 质地延展性</td><td></td><td></td><td></td><td></td><td></td></tr>
<tr><td colspan="2">4. 瞬间保湿性</td><td></td><td></td><td></td><td></td><td></td></tr>
<tr><td colspan="2">5. 持久保湿性</td><td></td><td></td><td></td><td></td><td></td></tr>
<tr><td colspan="2">6. 吸收柔软性</td><td></td><td></td><td></td><td></td><td></td></tr>
<tr><td colspan="2">7. 肌肤滋润性</td><td></td><td></td><td></td><td></td><td></td></tr>
<tr><td colspan="2">8. 愿意购买人数</td><td></td><td></td><td></td><td></td><td></td></tr>
<tr><td rowspan="4">9. 最喜欢该产品人数统计</td><td rowspan="2">人数</td><td>男</td><td>男</td><td>男</td><td>男</td><td>男</td></tr>
<tr><td>女</td><td>女</td><td>女</td><td>女</td><td>女</td></tr>
<tr><td rowspan="2">占比 /%</td><td>男</td><td>男</td><td>男</td><td>男</td><td>男</td></tr>
<tr><td>女</td><td>女</td><td>女</td><td>女</td><td>女</td></tr>
<tr><td colspan="7">结论：</td></tr>
</table>

**【想一想】** 如何根据感官评价鉴别化妆品的优劣？

**【敲重点】** 1. 常见化妆品质量优劣的感官鉴别。

2. 化妆品的喜好度评价。

【本章小结】

本章介绍了化妆品的感官评价，包括基础知识、评价方式和应用，详细介绍了面霜的感官评价、化妆品适用性感官评价和常见化妆品质量优劣的感官鉴别。有助于皮肤管理师对化妆品的感官评价形成系统的认知，能够鉴别化妆品质量优劣并通过化妆品适用性感官评价为顾客及时调整产品搭配及使用方案。

## 【职业技能训练题目】

### 一、填空题

1. 化妆品感官评价是对化妆品的使用肤感等主观宣称进行验证的评价方法，是人们通过（　）、（　）、（　）、（　）感知物质特征、性质的一种科学方法。
2. 化妆品常常通过“（　）、（　）、（　）”的方式进行感官评价，其实就是通过眼、鼻、手的感知对产品实施感官评价。
3. 皮肤管理师在工作中，常会被顾客问到什么是好的化妆品。其实，好的化妆品最重要的就是要根据（　），选择（　），故（　）就极其重要。

### 二、单选题

1. 适用性和偏好型检验法的评价人员由皮肤管理师与顾客共同组成，重点是对（　）的感官评价，也是皮肤管理师帮助顾客正确选择与使用化妆品的重要依据。

A. 化妆品使用后安全性　　B. 化妆品使用后功效性

C. 化妆品使用后稳定性　　D. 化妆品使用后适用性

2. 化妆品适用性感官评价常被（　）用于评价化妆品的适用性，皮肤管理师会结合顾客的反馈及时调整产品搭配及使用方案，以保证顾客的美肤效果。

A. 实验室人员　　B. 化妆品研发人员

C. 化妆品销售人员　　D. 皮肤管理师和顾客

3. 描述产品在皮肤上延展的容易程度所用的肤感术语是（ ）。

A. 延展性　　B. 吸收性

C. 挑起性　　D. 冲洗性

4. 一般情况下，清润产品适合（ ），中润产品适合（ ），倍润产品适合（ ）。

A. 油性皮肤、中性及油性缺水性皮肤、干性皮肤

B. 油性及油性缺水性皮肤、中性皮肤、干性皮肤

C. 油性皮肤、中性皮肤、干性皮肤

D. 中性皮肤、干性皮肤、油性及油性缺水性皮肤

5. 健康皮肤的顾客涂抹化妆品后如出现红、肿、热、痒、胀、刺痛等敏感现象，以下说法正确的是（ ）。

A. 皮肤在排毒，应坚持使用该化妆品直到皮肤的毒素排完

B. 为避免浪费，应用完该化妆品后换其他产品

C. 该化妆品不适合其使用，需立即停用，并寻求专业人员的帮助

D. 该化妆品应改变使用部位

## 三、多选题

1. 化妆品的（ ）对消费者意义重大。

A. 安全性　　B. 功效性

C. 适用性　　D. 包装

E. 代言人

2. 常用的感官评价方法根据具体目的和要求可分为（ ）四大类。

A. 差别检验法　　B. 标度和类别检验法

C. 描述型分析检验法　　D. 适用性和偏好型检验法

E. 理化检验法

3. 感官评价对参评人员的要求包括（ ）。

A. 感官评价人员具有较高的感官敏感性和准确性

B. 感觉特别迟钝或身体不适像感冒或发烧、患有皮肤系统疾病、精神抑郁等

C. 感官评价人员需接受相关培训，熟悉实验程序、评价方法、问卷和时间安排，理解所要评定样品的每一项指标

D. 每次试验尽量使用多个感官评价人员

E. 采取“双盲”形式，即评价人员不知道被测产品的真实信息，也不了解其他感官评价人员的感受

4. 下列不同剂型化妆品符合外观质地要求的是（ ）。

A. 液体剂型清澈透明，无任何沉淀，无浑浊、明显杂质和黑点

B. 粉剂型粉质细腻、均匀、滑爽、无粗粒、无结块

C. 膏霜剂型外观应光洁柔滑、稠度适当，料体细腻均匀，不得有结块、发稀，均匀无杂质、无粗颗粒，更不得有剧烈干缩等现象

D. 乳液剂型具有一定的流动性且表面光滑、乳化均匀、无杂质，无乳粒过粗或油水分层现象

E. 凝胶透明，均匀、细腻、无结块，在常温时保持胶状，不干涸或液化状态

5. 顾客在使用产品后，皮肤管理师和顾客的三个评价方面是（ ）。

A. 触觉　　B. 视觉

C. 自觉　　D. 嗅觉

E. 味觉

## 四、简答题

1. 简述化妆品适用性感官评价要严格遵循的两个原则。

2. 简述护肤类化妆品从补水、滋润、保湿等方面的分类和对应适合皮肤基础类型。

# 实践模块

- 第三章　皮肤管理规划
- 第四章　医疗美容的皮肤管理
- 第五章　皮肤管理机构品质经营

# 第三章 皮肤管理规划

【知识目标】

1. 了解皮肤管理规划的概念。
2. 熟悉皮肤管理规划与生活美容项目的区别。
3. 掌握皮肤管理规划的目的、制订原则及阶段性目标。

【技能目标】

具备为干燥皮肤、痤疮皮肤、色斑皮肤、敏感皮肤、老化皮肤等五种美容常见问题性皮肤制订皮肤管理规划方案的能力。

【思政目标】

1. 遵循以终为始的原则，增强根据长期目标制订可落地的阶段目标，并笃行不怠达成目标的能力。
2. 遵循以人为本的原则，注意倾听，注意细节，增强以顾客能理解的角度分享交流的能力。

【思维导图】

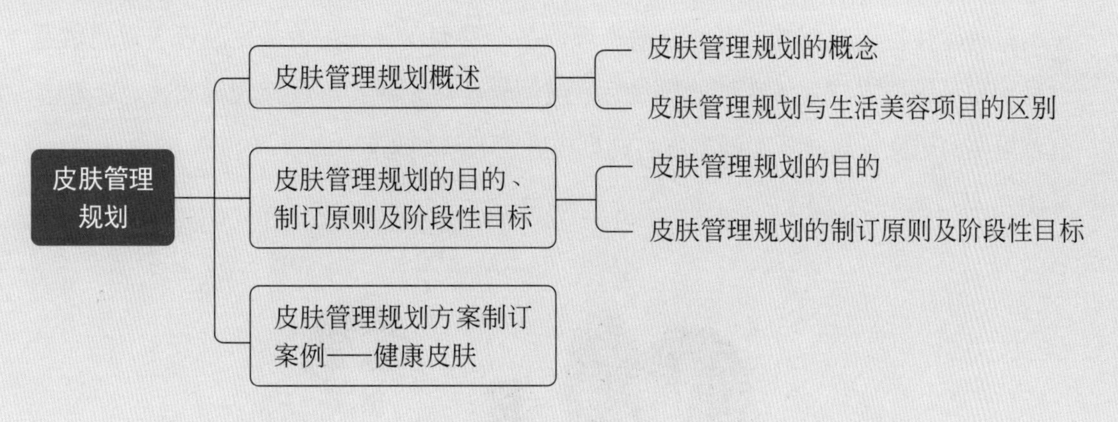


保持健康、年轻的皮肤状态，科学、系统的保养是关键，就像健康的身体一样，预防大于治疗。然而，目前传统美容师的专业认知已无法满足人们的美肤需求，他们最易犯的错误是见招拆招，针对现象去做处理。比如，解决皮肤干燥就做补水护理，解决敏感问题就做抗敏护理，看到问题暂时缓解就“大功告成”，没有长期的、专业的、系统的临床监测及规划方案，后期皮肤的功能是否好转也不得而知，从而导致皮肤问题反复发生，加上顾客自身对于皮肤的认知都是碎片化的，也就更无法去避免可能会出现的皮肤问题。而皮肤管理规划是皮肤管理师运用专业技术给予顾客在不同季节、不同环境下的适宜方案，在改善皮肤状态、解决皮肤问题的基础上兼顾皮肤功能的健康；顾客也能在皮肤管理规划的过程中，逐步树立起科学的美容观，让自己更加理性地面对各种产品、各种项目广告，从而降低皮肤问题发生的概率，使皮肤长期保持健康、年轻的状态。

# 第一节 皮肤管理规划概述

## 一、皮肤管理规划的概念

皮肤管理规划是皮肤管理师基于专业考量，依据顾客的皮肤现状、既往美容史、个体差异及诉求所制订的系统、综合、长期的皮肤管理计划。一方面，皮肤管理规划方案具备整体性与时间性，涵盖皮肤调理的各个层面；另一方面，皮肤管理规划也是一种约定，需要遵守才能实现既定目标。皮肤管理规划对于顾客实现健康美、年轻态有着重要的意义。皮肤管理师为顾客制订皮肤管理规划见图3-1。

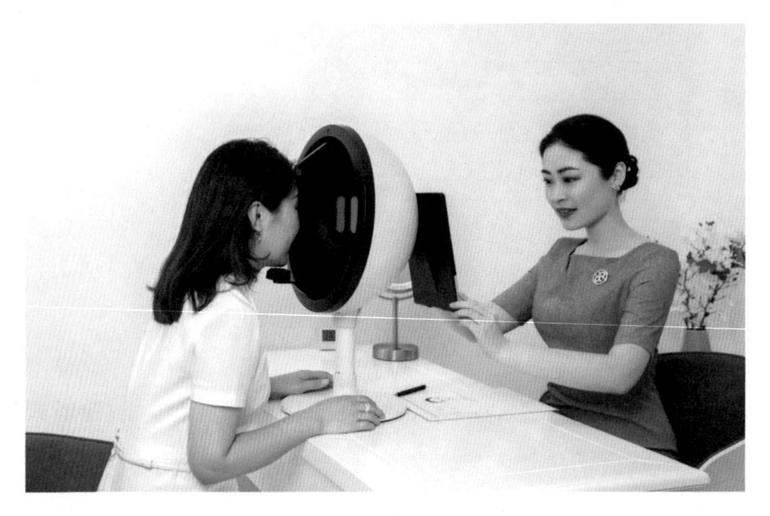

图 3-1　皮肤管理师为顾客制订皮肤管理规划

## 二、皮肤管理规划与生活美容项目的区别

1.构成内容不同

皮肤管理规划方案是全面系统的，方案内不同的项目之间具有递进性和必然性，是由皮肤管理师依据对顾客皮肤辨识与分析的结果，以实现其阶段性美肤目标为核心而拟定的。

生活美容项目是由关联性较低的、单一的项目构成，每个项目之间是相对独立的，没有绝对的先后性及必然联系，顾客主要依据卡项的内容来随机选择护理项目，这往往难以从根本上实现美肤需求。

2.针对程度不同

皮肤管理规划方案是皮肤管理师为顾客量身打造的专业系统方案，其针对性较强。方案内所含项目是以顾客美肤结果为导向进行设计的。

生活美容项目是流程化服务，其针对性不强，顾客可根据主观需求自主选择护理项目。

3.服务结果不同

皮肤管理规划是长期行为，它会兼顾短期及长期美肤效果，是以改善皮肤健康功能为基础来实现的，每一个阶段的皮肤管理方案紧密相连，顾客清晰知道每一阶段的目标，每一个目标的达成都会让其更有信心去完成下一个目标。当顾客皮肤得到根本性的改善时，会增加从业者职业自信，同时也会提升美容机构的美誉度。

生活美容项目是短期行为，以短期美肤效果为主，未从顾客皮肤的健康功能出发。因此，当顾客皮肤长期效果不理想时，就会立即放弃再去寻找新的解决路径，这在一定程度上直接影响了从业者的职业自信及美容机构经营的信誉度（表3-1）。

**表 3-1 皮肤管理规划与生活美容项目的区别**

| 项目 | 皮肤管理规划 | 生活美容项目 |
| --- | --- | --- |
| 构成内容 | 全面系统的，方案内不同的项目之间具有递进性和必然性 | 由关联性较低的、单一的项目构成，每个项目之间是相对独立的 |
| 针对程度 | 皮肤管理师为顾客量身打造的专业系统方案，其针对性较强。方案内所含项目是以顾客美肤结果为导向进行设计的 | 流程化服务，其针对性不强，顾客可根据主观需求自主选择护理项目 |
| 服务结果 | 长期行为，它会兼顾短期及长期美肤效果，是以改善皮肤健康功能为基础来实现的，每一个阶段的皮肤管理方案紧密相连，顾客清晰知道每一阶段的目标，每一个目标的达成都会让其更有信心去完成下一个目标，当顾客皮肤得到根本性的改善时，会增加从业者职业自信，同时也会提升美容机构的美誉度 | 短期行为，以短期美肤效果为主，未从顾客皮肤的健康功能出发。因此，当顾客皮肤长期效果不理想时，就会立即放弃再去寻找新的解决路径，这在一定程度上直接影响了从业者的职业自信及美容机构经营的信誉度 |

**【想一想】** 皮肤管理规划的意义？

**【敲重点】**

1.皮肤管理规划的概念。

2.皮肤管理规划与生活美容项目的区别。

# 第二节　皮肤管理规划的目的、制订原则及阶段性目标

## 一、皮肤管理规划的目的

1.帮助顾客了解皮肤改善的阶段性目标

通过皮肤管理规划，顾客可以清晰、客观地了解自己的皮肤在单位时间内恢复的趋势，包括皮肤功能恢复的时间和速度、皮肤功能恢复的程度，做到心中有数，不盲目。很多时候，顾客自主选择的护肤方法或护肤产品在使用时并不确定结果如何，只能被动地在使用中期待效果。通过皮肤管理规划，顾客能够确定地知道皮肤问题产生的前因后果及可预期的阶段性成果，对皮肤状态的改善充满信心。

2.帮助顾客获得稳定的皮肤状态

通过皮肤管理规划，顾客将不断学到在不同季节、不同环境下适合自己的护肤方法，以保持皮肤的靓丽稳定。例如，敏感皮肤在变季或出差旅行时易出现不适，皮肤管理规划可以预防此现象的发生。皮肤管理师会提前帮助顾客根据季节及环境的变化调整其所用护肤品的剂型、用量，及顾客的行为干预方案，使其皮肤保持稳定的状态，不受季节及环境变化的影响。

3.帮助顾客皮肤保持健康美、年轻态

皮肤管理规划适用人群广泛。问题性皮肤、不安定肌肤或是正常皮肤的人群，都可以进行皮肤管理规划，让自己的皮肤保持靓丽的状态。大多数情况下，皮肤的状态并不一定是表象或我们传统认知的样子，就像自觉很好的皮肤可能在贴了一次面膜或换了护肤品之后就出现了敏感。其实，这种现象看似是偶然发生的，实际上皮肤已经经历了一段时间不安定量的积累，在达到量与质的临界点时，只需一个诱因就可以触发质变，发生敏感现象，通过皮肤管理规划，可以有效防止此类现象的发生，做到未雨绸缪，防患于未然。

## 二、皮肤管理规划的制订原则及阶段性目标

1.皮肤管理规划的制订原则

为了预防皮肤问题的产生，保持皮肤健康美、年轻态，进行皮肤管理规划是非常必要的。皮肤管理规划包含不同皮肤状态在不同季节、环境下的居家及院护方案，其规划原则如下：

首先，要提高皮肤的含水量。

其次，在皮肤含水量提高的基础之上，再去针对性地改善皮肤外观状态。

最后，在皮肤外观状态已改善的情况下，还需恢复皮肤的功能健康。只有皮肤的功能保持健康，皮肤才能真正达到细腻、白皙、紧致的年轻状态。

2.皮肤管理规划的阶段性目标

皮肤管理规划涵盖的内容丰富、立体、系统，在时间层面可以将其分为三个阶段，每一个阶段的目标结果都是清晰明确的。

（1）皮肤管理规划第一阶段目标

① 美容常见问题性皮肤：解决热、痒、紧绷、胀、刺痛等皮肤自觉症状。皮肤的自觉症状是指由于皮肤功能的异常化所引起的主观上的不适感觉。虽然这些自觉症状别人未必能看到，但却是顾客自己最苦恼的。

② 健康皮肤：达到滋润柔软的皮肤状态。

皮肤管理规划第一阶段的方案就是针对性提升皮肤的含水量。达到这一目标需要的时间约是1～2个皮肤新陈代谢周期。

（2）皮肤管理规划第二阶段目标

① 美容常见问题性皮肤：改善干燥、痤疮、色斑、敏感、老化等皮肤的外观症状。皮肤的外观症状是指皮肤的客观状态在人脑中的视觉反映，也就是肉眼可见的皮肤状态。

② 健康皮肤：达到白皙、通透、有光泽的皮肤状态。

在第一阶段的目标达成后，皮肤的含水量提升，防御功能开始好转，顾客对于下

一阶段的目标充满信心，这时可以进入第二阶段的规划，在这个阶段，我们要解决的是肉眼能够看到的皮肤问题。根据顾客的皮肤状况，达到这一目标需要的时间约是2～3个皮肤新陈代谢周期。

（3）皮肤管理规划第三阶段目标

① 恢复皮肤的功能健康：通过第一、二阶段的调理，皮肤的自觉症状消失，外观症状改善。此时，皮肤管理第三阶段规划的重点是皮肤健康功能的恢复，目的是使皮肤问题不再反复。

② 保持皮肤的健康美、年轻态：在皮肤功能健康的基础上进行科学系统的保养，皮肤才能长期保持白皙、细腻、紧致、有弹性的年轻状态。

皮肤管理规划三阶段可服务于我们每个人的全生命周期。

**【想一想】** 皮肤管理规划的重要性？

**【敲重点】** 1. 皮肤管理规划的目的。
2. 皮肤管理规划的阶段性目标。

# 第三节　皮肤管理规划方案制订案例——健康皮肤

无锡的赵女士49岁，皮肤整体状态健康，只有肤色偏暗黄。赵女士一直想改善皮肤暗黄的状态，她说："虽然别人都说我皮肤看起来还不错，但是我觉得我的肤色还是太暗了，我以前经常做美白护理、敷美白面膜，但我皮肤还是暗黄，皮肤也开始出现了松弛的现象。"为了解决皮肤暗黄问题，赵女士经过朋友推荐来到了皮肤管理中心寻求帮助。皮肤管理师运用视像观察法对赵女士的皮肤进行了辨识与分析，见表3-2。

表 3-2 皮肤分析表（一）

编号：******** 皮肤管理师：蒋*

|  |  |  |  |  |
|---|---|---|---|---|
| 基本信息 | 姓名 | 赵** | 联系电话 | 133******** |
| | 出生日期 | 19**年**月**日 | 职业 | 企业负责人 |
| | 地址 | 无锡市梁溪区***小区 | | |
| | 客户来源 | ☑转介绍 ☐自媒体 ☐大众媒体<br>☐其他______ | | |
| | 工作环境 | ☑室内 ☑计算机 ☐室外 ☐粉尘<br>☐燥热 ☐湿冷 ☐其他__________ | | |
| | 生活习惯（自述） | 1. 洗澡周期与时间：每天洗澡，时间15min左右<br>2. 顾客自述：洗澡后经常会敷美白面膜 | | |
| 皮肤辨识信息 | 皮肤基础类型 | ☐中性皮肤 ☑干性皮肤<br>☐油性皮肤 ☐油性缺水性皮肤 | 皮肤管理规划案例——健康皮肤 | |
| | 角质层厚度 | ☑正常 ☐较薄 ☐较厚 | 光泽度 | ☐好 ☑一般 ☐差 |
| | 皮脂分泌量 | ☐适中 ☑少 ☐多 | 毛孔 | ☑细小 ☐局部粗大<br>☐粗大 |
| | 毛孔堵塞 | ☑无 ☐少 ☐多 | 毛细血管扩张 | ☑无 ☐轻 ☐重 |
| | 肤色 | ☑均匀 ☐不均匀 | 柔软度 | ☐好 ☑一般 ☐差 |
| | 湿润度 | ☐高 ☑一般 ☐低 | 光滑度 | ☐好 ☑一般 ☐差 |
| | 弹性 | ☐好 ☑一般 ☐差 | 肤温 | ☑微凉 ☐较高 |
| | 自觉感受 | ☑无（舒适） ☐厚重 ☐热 ☐痒 ☐紧绷 ☐胀 ☐刺痛 | | |
| | 肌肤状态 | ☑健康 ☐不安定 ☐干燥 ☐痤疮 ☐色斑 ☐敏感 ☐老化<br>☑其他 皮肤暗黄 | | |
| | 痤疮 | ☑无 ☐黑、白头粉刺 ☐炎性丘疹 ☐脓疱 ☐结节 ☐囊肿 ☐瘢痕 | | |
| | 色斑 | ☑无 ☐黄褐斑 ☐雀斑 ☐SK（老年斑） ☐PIH（炎症后色素沉着）<br>☐其他_____ | | |
| | 敏感 | ☑无 ☐热 ☐痒 ☐紧绷 ☐胀 ☐刺痛 ☐红斑 ☐丘疹 ☐鳞屑<br>☐其他_____ | | |
| | 老化 | ☐无 ☐干纹 ☐细纹 ☐表情纹 ☐松弛、下垂<br>☑其他 局部皮肤略微松弛 | | |
| | 眼部肌肤 | ☐无 ☑干纹 ☑细纹 ☐鱼尾纹 ☐黑眼圈 ☐眼袋 ☐松弛、下垂<br>☐其他_____ | | |

皮肤管理师在对赵女士的皮肤进行辨识与分析时，详细了解了她的美容史和日常护肤习惯，了解到赵女士经常会到美容院做一些美白类项目，每次做完项目后皮肤的状态还不错，但是也就两三天的时间，皮肤就恢复了原样，见表3-3。

**表 3-3　皮肤分析表（二）**

编号：********　　顾客姓名：赵**　　皮肤管理师：蒋*

<table>
<tr><td>美容史</td><td colspan="3">1.过敏史　□有____________　☑无<br>2.院护周期　□定期_____　☑不定期_____　□无<br>3.顾客自述：我的皮肤有些暗黄，虽然经常做美白护理、敷美白面膜，但是皮肤暗黄的状态改善并不明显，而且最近还发现皮肤有些松弛</td></tr>
<tr><td colspan="4">皮肤管理规划前居家护理方案</td></tr>
<tr><td colspan="4">原居家产品使用（顺序、品牌、剂型、作用、用法、用量、用具）：</td></tr>
<tr><td>晚</td><td>1.L品牌泡沫洁面<br>2.L品牌化妆水<br>3.L品牌精华<br>4.L品牌眼霜<br>5.C品牌晚霜<br>注：经常会敷美白面膜</td><td>早</td><td>1.L品牌泡沫洁面<br>2.L品牌化妆水<br>3.L品牌精华<br>4.L品牌眼霜<br>5.C品牌面霜<br>6.C品牌防护隔离乳</td></tr>
<tr><td colspan="4">皮肤管理规划前洗澡后的皮肤状态：<br>每天洗澡，洗澡后皮肤没有自觉症状</td></tr>
<tr><td colspan="4">皮肤管理规划前季节、环境、生活习惯变化后皮肤状态：<br>夏季皮肤会更暗一些，冬季皮肤略干一些</td></tr>
<tr><td colspan="4">原居家护理后的皮肤状态：<br>涂抹产品时，皮肤吸收不是很好</td></tr>
<tr><td colspan="4">原院护后的皮肤状态：<br>院护后皮肤的状态还不错，但是也就两三天的时间，皮肤就恢复了原样</td></tr>
<tr><td colspan="4">顾客签字：赵**<br>皮肤管理师签字：蒋*<br>日期：20**年**月**日</td></tr>
</table>

皮肤管理师对赵女士的皮肤做了全面分析，根据赵女士的皮肤状态帮助她做了系统的皮肤管理规划方案。方案分为三个阶段，第一阶段的重点是改善赵女士皮肤的滋润度、柔软度，见表3-4。

表 3-4　皮肤管理规划第一阶段方案表

编号：********　　　　　　　　　　　　　　　　皮肤管理师：蒋*

<table>
<tr><td colspan="2">姓名：赵**</td><td>电话：133********</td><td>建档时间：20**年**月**日</td></tr>
<tr><td colspan="4">顾客美肤需求：解决皮肤暗黄、松弛的问题</td></tr>
<tr><td colspan="4">居家护理方案</td></tr>
<tr><td colspan="4">现居家产品使用（顺序、品牌、剂型、作用、用法、用量、用具）：</td></tr>
<tr><td>晚</td><td>1.REVACL肌源清洁慕斯<br>2.REVACL凝莳新颜液<br>3.REVACL凝莳新颜霜<br>4.REVACL莹润焕颜眼霜<br>注：每天洗澡时使用REVACL肌源精华油滋润面部皮肤</td><td>早</td><td>1.REVACL肌源清洁慕斯<br>2.REVACL凝莳新颜液<br>3.REVACL凝莳新颜霜<br>4.REVACL莹润焕颜眼霜<br>5.REVACL护颜美肤霜</td></tr>
<tr><td colspan="4">行为干预内容：<br>1.日常护肤应使用温凉水清洁面部<br>2.规律护肤<br>3.避免紫外线过度照射，选择物理防护</td></tr>
<tr><td colspan="4">院护方案</td></tr>
<tr><td colspan="4">目标、产品、工具及仪器的选择（院护项目）：</td></tr>
<tr><td colspan="4">1.皮肤管理规划第一阶段目标：达到滋润、柔软的皮肤状态<br>2.产品、工具及仪器（院护项目）：一阶段院护项目<br>（1）产品：一阶段院护系列产品<br>① 氨基酸表面活性剂洁面产品<br>② 滋润度与保湿度兼具的膏霜产品<br>③ 补水软膜产品<br>（2）工具及仪器：无</td></tr>
<tr><td colspan="4">操作流程及注意事项</td></tr>
<tr><td colspan="4">1.操作流程：<br>（1）软化角质（2）清洁（3）补水、导润（4）按摩（5）导润（6）皮膜修护（7）敷软膜（8）护肤与防护<br>2.注意事项：<br>（1）建议规律做院护<br>（2）院护洁面前需先将面部润湿，均匀涂抹REVACL莹润精华油于面部，使皮肤达到湿润柔软的状态后再进行洁面<br>（3）院护后需使用物理防护产品<br>（4）院护后当天回家不洗澡，不洗头<br>（5）院护后避免皮肤出现红、热的情况，如：运动、风吹、吃火锅及辛辣刺激性食物等<br>（6）院护后次日早晨，用清水洁面，膏霜剂型产品用量加大</td></tr>
<tr><td colspan="4">院护周期：7～10天/次</td></tr>
<tr><td colspan="4">顾客签字：赵**<br><br>皮肤管理师签字：蒋*<br><br>日期：20**年**月**日</td></tr>
</table>

赵女士清楚了自己皮肤第一阶段的改善目标，与皮肤管理师达成共识，共同配合有效实施了皮肤管理规划第一阶段方案，经过近半个代谢周期，赵女士的皮肤达到了滋润、柔软的状态，见表3-5。

表 3-5　皮肤管理规划第一阶段护理记录表

编号：********　　　皮肤管理师：蒋*

| 姓名：赵** | | | | 电话：133******** | | |
|---|---|---|---|---|---|---|
| 序号 | 日期 | 护理内容（居家护理/院护项目） | 皮肤护理前状态 | 皮肤护理后状态 | 回访时间、院护预约时间/顾客、皮肤管理师签字 | 回访反馈/方案调整/行为干预 |
| 1 | 20**.7.8 | □居家护理<br>☑院护<br>一阶段护理 | ① 皮肤的滋润度、柔软度一般<br>② 皮肤暗黄<br>③ 眼周有细小皱纹，皮肤略微松弛 | ① 皮肤的滋润度明显改善<br>② 皮肤暗黄无明显改善<br>③ 眼周有细小皱纹，皮肤松弛状态无明显改善 | 回访时间：20**.7.9<br>20**.7.11<br>院护预约时间：20**.7.18<br>顾客签字：赵**<br>皮肤管理师签字：蒋* | 回访反馈：20**.7.9回访，院护后皮肤滋润、舒适<br>方案调整：/<br>行为干预：居家规律护肤 |
| 2 | 20**.7.11 | ☑居家护理<br>□院护 | ① 皮肤滋润、舒适<br>② 皮肤暗黄<br>③ 眼周有细小皱纹，皮肤略微松弛 | ① 皮肤滋润、柔软<br>② 皮肤暗黄<br>③ 眼周有细小皱纹，皮肤略微松弛 | 回访时间：/<br>院护预约时间：20**.7.18<br>顾客签字：/<br>皮肤管理师签字：蒋* | 回访反馈：/<br>方案调整：/<br>行为干预：注意防护 |

续表

| 序号 | 日期 | 护理内容（居家护理/院护项目） | 皮肤护理前状态 | 皮肤护理后状态 | 回访时间、院护预约时间/顾客、皮肤管理师签字 | 回访反馈/方案调整/行为干预 |
| --- | --- | --- | --- | --- | --- | --- |
| 3 | 20**.7.18 | □居家护理<br>☑院护<br>一阶段护理 | ① 皮肤滋润、柔软<br>② 皮肤暗黄<br>③ 眼周有细小皱纹，皮肤略微松弛 | ① 皮肤滋润、柔软、光滑<br>② 皮肤暗黄无明显改善<br>③ 眼周有细小皱纹，皮肤松弛状态无明显改善 | 回访时间：20**.7.19<br>院护预约时间：20**.7.28<br>顾客签字：赵**<br>皮肤管理师签字：蒋* | 回访反馈：20**.7.19回访，院护后皮肤滋润、柔软、光滑<br>方案调整：建议顾客添加物理防护产品REVACL肌源护肤粉<br>行为干预：注意防护，避免风吹 |
| 4 | 20**.7.28 | □居家护理<br>☑院护<br>一阶段护理 | ① 皮肤滋润、柔软、光滑<br>② 皮肤暗黄<br>③ 眼周有细小皱纹，皮肤略微松弛 | ① 皮肤滋润、柔软、光滑<br>② 皮肤暗黄略有改善<br>③ 眼周有细小皱纹，皮肤松弛状态无明显改善 | 回访时间：20**.7.29<br>院护预约时间：20**.8.8<br>顾客签字：赵**<br>皮肤管理师签字：蒋* | 回访反馈：20**.7.29回访，院护后皮肤滋润、柔软、光滑，肤色略有改善<br>方案调整：20**.7.30开始，早上洁面使用REVACL洁面乳；晚间护肤添加REVACL源之素紧致抗皱精华液；下次院护可根据皮肤状态进入第二阶段护理<br>行为干预：/ |

赵女士经过第一阶段皮肤管理后，皮肤滋润度、柔软度有明显改善，根据赵女士的皮肤状态，开始进入第二阶段皮肤管理，见表3-6。

表3-6　皮肤管理规划第二阶段方案表

编号：********　　　　皮肤管理师：蒋*

<table>
<tr><td colspan="2">姓名：赵**</td><td>电话：133********</td><td colspan="2">建档时间：20**年7月28日</td></tr>
<tr><td colspan="5">顾客美肤需求：解决皮肤暗黄、松弛的问题</td></tr>
<tr><td colspan="5">居家护理方案</td></tr>
<tr><td colspan="5">现居家产品使用（顺序、品牌、剂型、作用、用法、用量、用具）：</td></tr>
<tr><td>晚</td><td colspan="2">1.REVACL肌源清洁慕斯<br>2.REVACL凝莳新颜液+REVACL源之素紧致抗皱精华液<br>3.REVACL凝莳新颜霜<br>4.REVACL莹润焕颜眼霜<br>注：每天洗澡时使用REVACL肌源精华油滋润面部皮肤</td><td>早</td><td>1.REVACL洁面乳<br>2.REVACL凝莳新颜液<br>3.REVACL凝莳新颜霜<br>4.REVACL莹润焕颜眼霜<br>5.REVACL护颜美肤霜<br>6.REVACL肌源护肤粉</td></tr>
<tr><td colspan="5">行为干预内容：<br>1.日常护肤应使用温凉水清洁面部<br>2.规律护肤<br>3.避免紫外线过度照射，选择物理防护<br>4.注意饮食调节，白天少食光敏性食物（如：香菜、芹菜、菠菜、柠檬等），多食抗氧化食物（如：紫甘蓝、沙棘、蓝莓、葡萄等）</td></tr>
<tr><td colspan="5">院护方案</td></tr>
<tr><td colspan="5">目标、产品、工具及仪器的选择（院护项目）：</td></tr>
<tr><td colspan="5">1.皮肤管理规划第二阶段目标：达到白皙、通透、有光泽的皮肤状态<br>2.产品、工具及仪器（院护项目）：二阶段院护项目<br>（1）产品：二阶段院护系列产品<br>① 氨基酸表面活性剂洁面产品<br>② 滋润度与保湿度兼具的膏霜产品<br>③ 润白软膜产品<br>（2）工具及仪器：无</td></tr>
</table>

续表

| 操作流程及注意事项 |
| --- |
| 1.操作流程：<br>（1）软化角质 （2）清洁 （3）补水、导润 （4）按摩 （5）导润 （6）皮膜修护 （7）敷软膜 （8）护肤与防护<br>2.注意事项：<br>（1）建议规律做院护<br>（2）院护后需使用物理防护产品<br>（3）院护后当天回家不洗澡,不洗头<br>（4）院护后避免皮肤出现红、热的情况，如：运动、风吹、吃火锅及辛辣刺激性食物等<br>（5）院护后次日早晨，用清水洁面，膏霜剂型产品用量加大 |
| 院护周期：10 ～ 15天/次 |
| 顾客签字：赵**<br>皮肤管理师签字：蒋*<br>日期：20**年7月28日 |

赵女士清楚了自己皮肤第二阶段的改善目标，与皮肤管理师达成共识，共同配合有效实施了皮肤管理规划第二阶段方案，1个代谢周期后，赵女士的皮肤达到了白皙、通透、有光泽的皮肤状态，见表3-7。

表 3-7　皮肤管理规划第二阶段护理记录表

编号：********　　　　皮肤管理师：蒋*

| 姓名：赵** | | | | 电话：133******** | | |
|---|---|---|---|---|---|---|
| 序号 | 日期 | 护理内容（居家护理/院护项目） | 皮肤护理前状态 | 皮肤护理后状态 | 回访时间、院护预约时间/顾客、皮肤管理师签字 | 回访反馈/方案调整/行为干预 |
| 1 | 20**.7.31 | ☑居家护理<br>□院护 | ① 皮肤滋润、柔软、光滑<br>② 皮肤暗黄<br>③ 眼周有细小皱纹，皮肤略微松弛 | ① 皮肤滋润、柔软、光滑、舒适<br>② 皮肤暗黄<br>③ 眼周有细小皱纹，皮肤略微松弛 | 回访时间：/<br>院护预约时间：20**.8.8<br>顾客签字：/<br>皮肤管理师签字：蒋* | 回访反馈：/<br>方案调整：/<br>行为干预：建议多食抗氧化食物（如：紫甘蓝、沙棘、蓝莓、葡萄等） |
| 2 | 20**.8.8 | □居家护理<br>☑院护<br>二阶段护理 | ① 皮肤滋润、柔软、光滑<br>② 皮肤暗黄<br>③ 眼周有细小皱纹，皮肤略微松弛 | ① 皮肤滋润、柔软、光滑<br>② 皮肤通透，暗黄略有改善<br>③ 眼周有细小皱纹，皮肤松弛状态无明显改善 | 回访时间：20**.8.9<br>院护预约时间：20**.8.23<br>顾客签字：赵**<br>皮肤管理师签字：蒋* | 回访反馈：20**.8.9回访，院护后皮肤滋润、通透，皮肤暗黄略有改善<br>方案调整：/<br>行为干预：注意防护 |
| 3 | 20**.8.23 | □居家护理<br>☑院护<br>二阶段护理 | ① 皮肤滋润、柔软<br>② 皮肤略微暗黄<br>③ 眼周有细小皱纹，皮肤略微松弛 | ① 皮肤滋润、柔软<br>② 皮肤通透，暗黄有进一步改善<br>③ 眼周有细小皱纹，皮肤松弛状态无明显改善 | 回访时间：20**.8.24<br>院护预约时间：20**.9.8<br>顾客签字：赵**<br>皮肤管理师签字：蒋* | 回访反馈：20**.8.24回访，院护后皮肤滋润、通透，皮肤暗黄略有改善<br>方案调整：/<br>行为干预：/ |

续表

| 序号 | 日期 | 护理内容（居家护理/院护项目） | 皮肤护理前状态 | 皮肤护理后状态 | 回访时间、院护预约时间/顾客、皮肤管理师签字 | 回访反馈/方案调整/行为干预 |
|---|---|---|---|---|---|---|
| 4 | 20**.9.8 | □居家护理<br>☑院护<br>二阶段护理 | ① 皮肤滋润、柔软<br>② 皮肤通透，皮肤略微暗黄<br>③ 眼周有细小皱纹，皮肤略微松弛 | ① 皮肤滋润、柔软<br>② 皮肤通透、有光泽<br>③ 眼周有细小皱纹，皮肤松弛状态无明显改善 | 回访时间：20**.9.9<br>院护预约时间：20**.9.23<br>顾客签字：赵**<br>皮肤管理师签字：蒋* | 回访反馈：20**.9.9回访，院护后皮肤滋润、柔软、通透、有光泽<br>方案调整：/<br>行为干预：/ |
| … | … | … | … | … | … | … |
| 6 | 20**.10.8 | □居家护理<br>☑院护<br>二阶段护理 | ① 皮肤滋润、柔软<br>② 皮肤通透，有光泽<br>③ 眼周有细小皱纹，皮肤略微松弛 | ① 皮肤滋润、柔软<br>② 皮肤白皙、通透、有光泽<br>③ 眼周有细小皱纹，皮肤松弛状态无明显改善 | 回访时间：20**.10.9<br>院护预约时间：20**.10.23<br>顾客签字：赵**<br>皮肤管理师签字：蒋* | 回访反馈：20**.10.9回访，院护后皮肤滋润、柔软、白皙、通透、有光泽<br>方案调整：下次院护可根据皮肤状态进入第三阶段护理<br>行为干预：/ |

赵女士经过第二阶段皮肤管理后，皮肤达到了白皙、通透、有光泽的状态。赵女士对皮肤肤色暗黄的改善非常满意，希望一直保持，与皮肤管理师达成共识，主动开始第三阶段皮肤管理，见表3-8。

表 3-8　皮肤管理规划第三阶段方案表

编号：********　　　　　　　　　　　　　　　　皮肤管理师：蒋*

<table>
<tr><td colspan="2">姓名：赵**</td><td colspan="2">电话：133********</td><td>建档时间：20**年10月8日</td></tr>
<tr><td colspan="5">顾客美肤需求：改善眼周细小皱纹及皮肤松弛</td></tr>
<tr><td colspan="5">居家护理方案</td></tr>
<tr><td colspan="5">现居家产品使用（顺序、品牌、剂型、作用、用法、用量、用具）：</td></tr>
<tr><td>晚</td><td colspan="2">1.REVACL肌源清洁慕斯<br>2.REVACL凝莳新颜液+REVACL源之素紧致抗皱精华液<br>3.REVACL凝莳新颜霜<br>4.REVACL莹润焕颜眼霜<br>注：每天洗澡时使用REVACL肌源精华油滋润面部皮肤</td><td>早</td><td>1.REVACL洁面乳<br>2.REVACL凝莳新颜液+REVACL源之素紧致抗皱精华液<br>3.REVACL凝莳新颜霜<br>4.REVACL莹润焕颜眼霜<br>5.REVACL护颜美肤霜<br>6.REVACL肌源护肤粉</td></tr>
<tr><td colspan="5">行为干预内容：<br>1.日常护肤应使用温凉水清洁面部<br>2.规律护肤<br>3.避免紫外线过度照射，选择物理防护<br>4.避免过度牵拉皮肤<br>5.注意饮食调节，补充胶原蛋白，多食抗氧化食物（如：紫甘蓝、沙棘、蓝莓、葡萄等）</td></tr>
<tr><td colspan="5">院护方案</td></tr>
<tr><td colspan="5">目标、产品、工具及仪器的选择（院护项目）：</td></tr>
<tr><td colspan="5">1.皮肤管理规划第三阶段目标：长期保持白皙、细腻、紧致、有弹性的年轻状态<br>2.产品、工具及仪器（院护项目）：三阶段院护项目<br>（1）产品：三阶段院护系列产品<br>① 氨基酸表面活性剂洁面产品<br>② 滋润度与保湿度兼具的膏霜产品<br>③ 紧致抗皱精华<br>④ 皮膜修护产品<br>⑤ 水凝胶面膜<br>（2）工具及仪器：纳米微晶仪（必选）/射频美容仪（根据皮肤状态选择）</td></tr>
</table>

续表

| 操作流程及注意事项 |
| --- |
| 1.操作流程：<br>（1）软化角质 （2）清洁 （3）补水、导润 （4）射频美容仪/纳米微晶仪导入紧致抗皱精华<br>（5）导润+皮膜修护 （6）敷水凝胶面膜 （7）护肤与防护<br>2.注意事项：<br>（1）建议规律做院护<br>（2）院护后需使用物理防护产品<br>（3）院护后当天回家不洗澡,不洗头<br>（4）院护后避免皮肤出现红、热的情况，如：运动、风吹、吃火锅及辛辣刺激性食物等<br>（5）院护后次日早晨，用清水洁面，膏霜剂型产品用量加大 |
| 院护周期：20～30天/次 |
| 顾客签字：赵**<br>皮肤管理师签字：蒋*<br>日期：20**年10月8日 |

赵女士清楚了自己皮肤第三阶段的改善目标，与皮肤管理师共同配合有效实施了皮肤管理规划第三阶段方案，2个代谢周期后，赵女士的皮肤达到了白皙、细腻、紧致、有弹性的年轻状态，见表3-9。

表 3-9　皮肤管理规划第三阶段护理记录表

编号：********　　　　皮肤管理师：蒋*

| 姓名：赵** | | | | 电话：133******** | | |
|---|---|---|---|---|---|---|
| 序号 | 日期 | 护理内容（居家护理/院护项目） | 皮肤护理前状态 | 皮肤护理后状态 | 回访时间、院护预约时间/顾客、皮肤管理师签字 | 回访反馈/方案调整/行为干预 |
| 1 | 20**.10.23 | □居家护理<br>☑院护<br>三阶段护理 | ① 皮肤白皙、通透、有光泽<br>② 眼周有细小皱纹，皮肤略微松弛 | ① 皮肤白皙、通透、有光泽<br>② 眼周细小皱纹淡化，皮肤松弛状态无明显变化 | 回访时间：20**.10.24<br>院护预约时间：20**.11.13<br>顾客签字：赵**<br>皮肤管理师签字：蒋* | 回访反馈：20**.10.24回访，院护后皮肤白皙、通透、有光泽，眼周细小皱纹淡化<br>方案调整：/<br>行为干预：注意表情管理，避免皱眉、眯眼等 |
| 2 | 20**.11.13 | □居家护理<br>☑院护<br>三阶段护理 | ① 皮肤白皙、通透、有光泽<br>② 眼周有细小皱纹，皮肤略微松弛 | ① 皮肤白皙、通透、有光泽<br>② 眼周细小皱纹淡化，皮肤松弛状态略有改善 | 回访时间：20**.11.14<br>院护预约时间：20**.12.3<br>顾客签字：赵**<br>皮肤管理师签字：蒋* | 回访反馈：20**.11.14回访，院护后皮肤白皙、通透、有光泽，眼周细小皱纹淡化，皮肤松弛状态略有改善<br>方案调整：/<br>行为干预：/ |
| 3 | 20**.12.3 | □居家护理<br>☑院护<br>三阶段护理 | ① 皮肤白皙、通透、有光泽<br>② 眼周有细小皱纹，皮肤略微松弛 | ① 皮肤白皙、通透、有光泽<br>② 眼周细小皱纹明显淡化，皮肤松弛状态明显改善 | 回访时间：20**.12.4<br>院护预约时间：20**.12.23<br>顾客签字：赵**<br>皮肤管理师签字：蒋* | 回访反馈：20**.12.4回访，院护后皮肤白皙、通透、有光泽，眼周细小皱纹明显淡化，皮肤比以前紧致了<br>方案调整：/<br>行为干预：/ |
| … | … | … | … | … | … | … |

续表

| 序号 | 日期 | 护理内容（居家护理/院护项目） | 皮肤护理前状态 | 皮肤护理后状态 | 回访时间、院护预约时间/顾客、皮肤管理师签字 | 回访反馈/方案调整/行为干预 |
|---|---|---|---|---|---|---|
| 7 | 20**.2.23 | □居家护理<br>☑院护<br>三阶段护理 | ① 皮肤白皙、通透、有光泽<br>② 眼周有少量细小皱纹，皮肤紧致 | ① 皮肤白皙、通透、有光泽<br>② 眼周细小皱纹改善明显，皮肤紧致、有弹性 | 回访时间：20**.2.24<br>院护预约时间：20**.3.15<br>顾客签字：赵**<br>皮肤管理师签字：蒋* | 回访反馈：20**.2.24回访，院护后皮肤白皙、通透、有光泽，眼周细小皱纹明显改善，皮肤紧致、有弹性<br>方案调整：/<br>行为干预：/ |
| … | … | … | … | … | … | … |

赵女士经过三个阶段的皮肤管理，皮肤达到了健康年轻的状态。赵女士自己总结说："身边的朋友都说我现在皮肤越来越好，越来越年轻了，简直实现了'逆生长'，问我是怎么做到的。我就跟他们分享，实际上我就是简单的'听话、照做'，都是我的皮肤管理师帮我做的皮肤管理规划。我还把我的皮肤管理师推荐给了我的朋友们，希望他们和我一起变美！"

**【想一想】** 为什么赵女士的皮肤是健康的状态还需要做皮肤管理规划？

**【敲重点】** 健康皮肤顾客的皮肤管理规划阶段性目标。

**【本章小结】**

本章介绍了皮肤管理规划的概念、皮肤管理规划与生活美容项目的区别、皮肤管理规划的目的、制订原则及阶段性目标。通过本章的学习，可以帮助皮肤管理师更好地为顾客制订皮肤管理规划方案。

# 【职业技能训练题目】

## 一、填空题

1. 皮肤管理规划是皮肤管理师基于专业考量，依据顾客的（　）、（　）、（　）所制订的系统、综合、长期的皮肤管理计划。
2. 皮肤管理规划方案具备（　）与（　），涵盖皮肤调理的各个层面。
3. 对于预防皮肤问题的产生，保持皮肤健康美、年轻态，进行（　）是非常必要的。

## 二、单选题

1. 皮肤管理规划是（　）。
   A. 短期行为　　B. 长期行为
   C. 临时行为　　D. 冲动行为
2. 皮肤管理规划第一阶段目标，美容常见问题性皮肤需解决皮肤的（　）症状。
   A. 触觉　　B. 视觉
   C. 自觉　　D. 感官
3. 皮肤管理规划方案具备整体性与（　），涵盖皮肤调理的各个层面。
   A. 时间性　　B. 单一性
   C. 空间性　　D. 偶然性
4. 关于皮肤管理规划方案的制订原则，以下描述错误的是（　）。
   A. 制订皮肤管理规划方案，首先要提高皮肤的含水量
   B. 在皮肤含水量提高的基础之上，再去针对性地改善皮肤外观状态

C. 在皮肤外观状态已改善的情况下，还需恢复皮肤的功能健康

D. 皮肤管理规划方案应是一成不变的

5. 对于健康皮肤的顾客，皮肤管理规划第一阶段目标是（ ）。

A. 解决皮肤自觉症状　　B. 达到滋润柔软的皮肤状态

C. 改善皮肤的外观症状　　D. 恢复皮肤的功能健康

## 三、多选题

1. 皮肤管理规划与生活美容项目的区别是（ ）。

A. 构成内容不同　　B. 针对程度不同

C. 服务结果不同　　D. 面向顾客群体不同

E. 实施路径不同

2. 皮肤管理规划的目的有（ ）。

A. 帮助顾客了解皮肤改善的阶段性目标

B. 帮助美容师实现经济创收

C. 帮助顾客获得稳定的皮肤状态

D. 帮助顾客实现完美的皮肤状态

E. 帮助顾客皮肤保持健康美、年轻态

3. 下列可以进行皮肤管理规划的皮肤有（ ）。

A. 干燥皮肤　　B. 敏感皮肤

C. 痤疮皮肤　　D. 老化皮肤

E. 正常皮肤

4. 皮肤管理规划包含不同皮肤状态在不同季节、环境下的（ ）及（ ）方案。

A. 饮食　　B. 睡眠

C. 居家　　D. 院护

E. 运动

5. 关于皮肤管理规划的制订原则，以下描述正确的有（ ）。

A. 首先提高皮肤的含水量

B. 在皮肤含水量提高的基础之上，再去针对性地改善皮肤外观状态

C. 在皮肤外观状态已改善的情况下，还需恢复皮肤的功能健康。只有皮肤的功能保持健康，皮肤才能真正达到白皙、细腻、紧致的年轻状态

D. 首先解决皮肤外观状态

E. 根据顾客的要求制订皮肤管理规划方案

## 四、简答题

1. 简述皮肤管理规划的概念。

2. 简述皮肤管理规划与生活美容项目在构成内容上的区别。

# 第四章 医疗美容的皮肤管理

【知识目标】

1. 了解医疗美容的定义和相关法律法规。
2. 熟悉医疗美容的适应证与禁忌证。
3. 掌握医疗美容的术前、术后皮肤管理注意事项。

【技能目标】

1. 具备在医疗美容相关活动中正确应用皮肤管理知识的能力。
2. 具备指导顾客建立科学审美观的能力，并具有指导顾客在医疗美容术前、术后进行居家皮肤护理的能力。

【思政目标】

1. 在学习中培养辩证思维的能力。
2. 强化自身专业的学科能力，增加精益求精的职业素养。

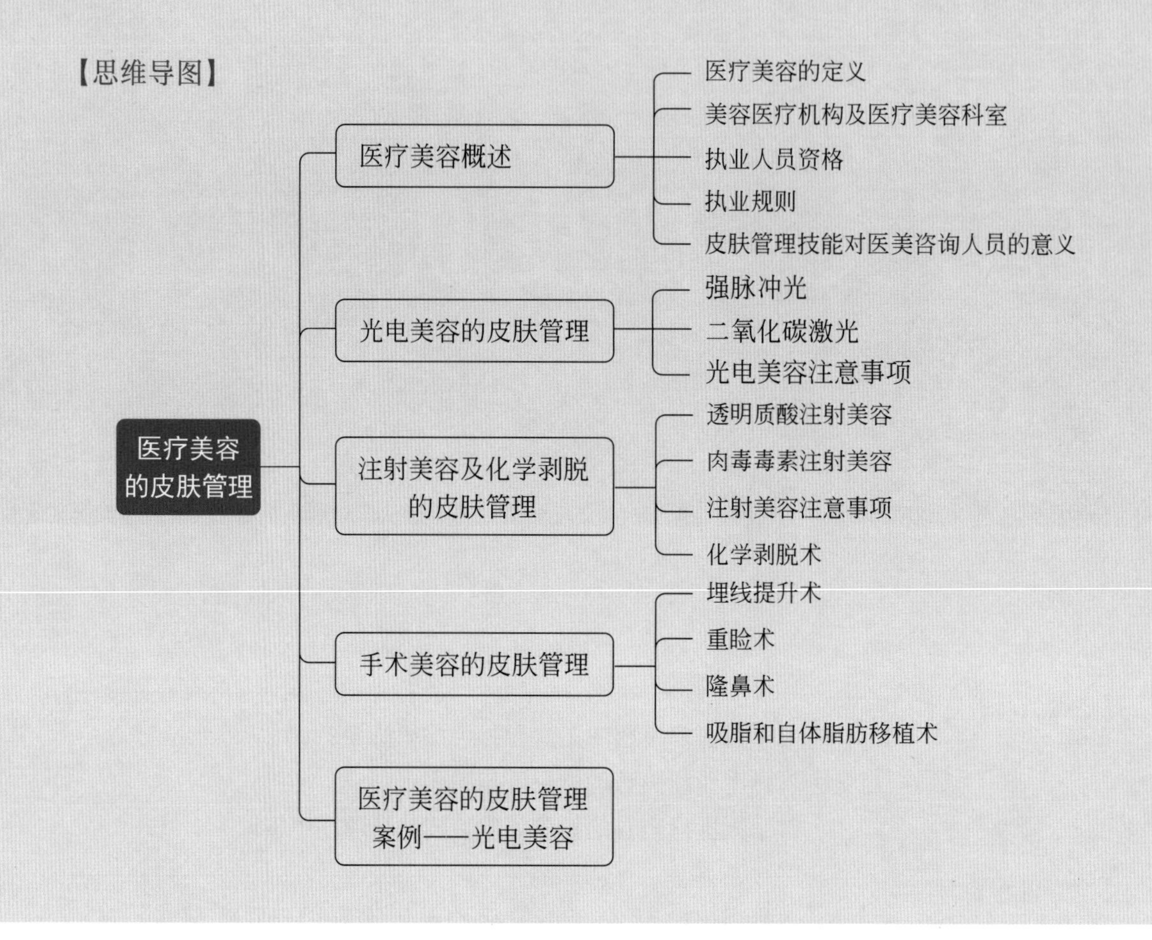


在医疗美容手术前后，与皮肤管理的有机结合，可使美容手术达到更佳的效果。这其中包含了制订术前皮肤管理方案，让皮肤在术前调整为适术状态（适合手术的皮肤状态），如健康的皮肤，术前的方案制订原则应以皮肤滋润保湿为主，而痤疮、敏感等问题性皮肤则需调理至健康状态；制订术后居家皮肤管理方案，需结合医嘱，使皮肤尽快恢复，以达到更好的手术效果，其方案制订原则应以抗菌消炎和修复皮肤屏障为主。

# 第一节　医疗美容概述

## 一、医疗美容的定义

根据我国《医疗美容服务管理办法》，医疗美容，是指运用手术、药物、医疗器械以及其他具有创伤性或者侵入性的医学技术方法对人的容貌和人体各部位形态进行的修复与再塑。

## 二、美容医疗机构及医疗美容科室

美容医疗机构，是指以开展医疗美容诊疗业务为主的医疗机构。美容医疗机构必须经卫生行政部门登记注册并获得《医疗机构执业许可证》后方可开展执业活动。国家卫生健康委员会（含国家中医药管理局）主管全国医疗美容服务管理工作。县级以上地方人民政府卫生行政部门（含中医药行政管理部门，下同）负责本行政区域内医疗美容服务监督管理工作。

医疗美容科室，是指设置在综合性医疗机构或其他专科性医疗机构中的医疗美容科室。科室内的专业及相关诊疗设施一般参照医疗美容医院、医疗美容门诊部的标准酌情设置和配备。

美容医疗机构和医疗美容科室开展医疗美容项目应当由登记机关指定的专业学会核准，并向登记机关备案。申请举办美容医疗机构或医疗机构设置医疗美容科室必须同时具备下列条件：① 具有承担民事责任的能力；② 有明确的医疗美容诊疗服务范围；③ 符合《医疗机构基本标准（试行）》；④ 省级以上人民政府卫生行政部门规定的其他条件。

美容医疗机构包含：美容医院、医疗美容门诊部、医疗美容诊所。医疗美容科室是在原有的医疗机构基础上增设的科室，医技科室可与医疗机构共用。

医疗美容科为一级诊疗科目，美容外科、美容牙科、美容皮肤科和美容中医科为二级诊疗科目。

## 三、执业人员资格

负责实施医疗美容项目的主诊医师必须同时具备下列条件：① 具有执业医师资格，经执业医师注册机关注册；② 具有从事相关临床学科工作经历。其中，负责实施美容外科项目的应具有6年以上从事美容外科或整形外科等相关专业临床工作经历；负责实施美容牙科项目的应具有5年以上从事美容牙科或口腔科专业临床工作经历；负责实施美容中医科和美容皮肤科项目的应分别具有3年以上从事中医专业和皮肤病专业临床工作经历；③ 经过医疗美容专业培训或进修并合格，或已从事医疗美容临床工作 1 年以上；④ 省级人民政府卫生行政部门规定的其他条件。未满足上述规定的主诊医师条件的执业医师，可在主诊医师的指导下从事医疗美容临床技术服务工作。

从事医疗美容护理工作的人员，应同时具备下列条件：① 具有护士资格，并经护士注册机关注册；② 具有2年以上护理工作经历；③ 经过医疗美容护理专业培训或进修并合格，或已从事医疗美容临床护理工作6个月以上。未经卫生行政部门核定并办理执业注册手续的人员不得从事医疗美容诊疗服务。

## 四、执业规则

① 实施医疗美容项目必须在相应的美容医疗机构或开设医疗美容科室的医疗机构中进行。② 美容医疗机构和医疗美容科室应根据自身条件和能力在卫生行政部门核定的诊疗科目范围内开展医疗服务，未经批准不得擅自扩大诊疗范围。美容医疗机构及开设医疗美容科室的医疗机构不得开展未向登记机关备案的医疗美容项目。③ 美容医疗机构执业人员要严格执行有关法律、法规和规章，遵守医疗美容技术操作规程。美容医疗机构使用的医用材料须经有关部门批准。④ 医疗美容服务实行主诊医师负责制。医疗美容项目必须由主诊医师负责或在其指导下实施。⑤ 执业医师对就医者实施治疗前，必须向就医者本人或亲属书面告知治疗的适应证、禁忌证、医疗风险和注意事项等，并取得就医者本人或监护人的签字同意。未经监护人同意，不得为无行为能力或者限制行为能力的人实施医疗美容项目。⑥ 美容医疗机构和医疗美容科室的从业人员要尊重就医者的隐私权，未经就医者本人或监护人同意，不得向第三方披露就医者病情及病历资料。⑦ 美容医疗机构和医疗美容科室发生重大医疗过失，要按规定及时报告当地人民政府卫生行政部门。⑧ 美容医疗机构和医疗美容科室应加强医疗质量管理，不断提高服务水平。

法律对于医疗美容有着明确的监管。《医疗美容服务管理办法》的严格执行强调了美是需要建立在皮肤健康的基础之上；医美是帮助顾客达成美丽需求的一种方式。

## 五、皮肤管理技能对医美咨询人员的意义

美容医疗机构中，除了执业医师及医疗美容护理工作的人员外，最常见的岗位人

员就是医美咨询人员。

美容医疗机构中的医美咨询人员，以往是以销售职能为主，随着医美市场的发展，人们消费需求的提升，对医美咨询人员的知识、能力、职业道德素养提出了新的要求。其咨询人员更需提高的是专业职能，掌握皮肤管理知识的医美咨询人员，具备皮肤管理师的专业技术技能，能够成为医生与顾客之间的专业沟通桥梁，并在医疗美容手术前后，结合医嘱，运用皮肤管理技术使顾客皮肤尽快达到健康的状态，呈现更佳的手术效果。所以，掌握皮肤管理技能对医美咨询人员的工作有着重要的意义（表4-1）。

**表4-1 医美咨询人员掌握皮肤管理技能前、后的职能变化**

| 关系 | 职能 | |
|---|---|---|
| | 掌握皮肤管理技能前 | 掌握皮肤管理技能后 |
| 与执业医师的关系 | 1.售前与售后的关系<br>2.将顾客引荐给医生 | 1.是执业医师的专业助手<br>2.参与医生与顾客方案确定的全过程，给医生提出可参考意见，使医生全面了解顾客，从而制订出更加适合顾客的医美方案，有效提高对医美效果的可控性 |
| 与顾客的关系 | 1.根据顾客需求推荐项目<br>2.接待与咨询 | 1.是顾客的专业顾问<br>2.根据顾客的身体情况、皮肤状态及需求，从专业出发，推荐适合顾客的医美项目及最佳手术时间<br>3.结合医嘱，制订顾客医美术前、术后的皮肤管理方案 |

**【想一想】** 皮肤管理与医疗美容的有效结合，体现在哪些方面？

**【敲重点】**

1.医疗美容的定义。

2.美容医疗机构和医疗美容科室的执业人员资格。

3.医美咨询人员掌握皮肤管理技能前、后的职能变化。

# 第二节 光电美容的皮肤管理

## 一、强脉冲光

### 1.强脉冲光（即光子嫩肤）概述

强脉冲光（Intense Pulsed Light，IPL），是以一种强度很高的光源经过聚焦和过滤后形成的一种宽谱光，其本质是一种非相干的普通光而非激光。IPL的波长多为500～1200nm。IPL是目前临床上应用最为广泛的光治疗技术之一，在皮肤美容领域占有十分重要的地位。IPL目前广泛应用于各种损容性皮肤病的治疗，尤其是光损伤和光老化相关的皮肤病，也即经典的Ⅰ型嫩肤和Ⅱ型嫩肤。

Ⅰ型嫩肤：是针对色素性皮肤病和血管性皮肤病的IPL治疗。色素性皮肤病包括雀斑、黄褐斑、日光性黑子、雀斑样痣等；血管性皮肤病，包括毛细血管扩张症、酒渣鼻、鲜红斑痣、血管瘤等。

Ⅱ型嫩肤：是针对表皮与真皮胶原组织结构改变相关疾病的IPL治疗，包括皱纹、毛孔粗大、皮肤粗糙，以及各种炎症性疾病如痤疮、水痘等遗留的微小凹陷性瘢痕等。

### 2.强脉冲光嫩肤的原理

光是否吸收取决于其波长，如果光要改变靶组织的结构，除了被吸收的深度，还必须有充足的能量。依据这些特征，光可以通过以下途径影响组织：光刺激、光动力反应、光热和光机械作用。

（1）光刺激

有一些实验证据表明低能量光能够加速伤口愈合，其机制不清楚，可能是通过改善血液循环或者是通过刺激胶原合成来实现的。

（2）光动力反应

它构成了光动力疗法的基础，包括一种光敏性药物或其前期的局部或系统应用。适宜的光源可诱发光敏剂产生氧自由基，通过细胞毒作用导致细胞受损。光动力疗法也可以用于生物体内的色基，诸如在痤疮丙酸杆菌中发现的色基，用蓝光杀灭痤疮丙酸杆菌，痤疮在临床上就发生了改善。此外，还可以用来治疗血管性疾病等。

（3）光热和光机械作用

当组织吸收激光或光子能量后，可以转变为热能，导致靶组织的变性或者坏死。如果在短时间内吸收巨能量的光子，则可能导致靶组织的物理性崩解（如治疗文刺）。IPL与组织相互作用遵循选择性光热作用以及化学作用理论机制，其包括以下方面。

① 在治疗光谱段内，血红蛋白吸收的光能转化为热能后可使血红蛋白变性、凝固，并损伤扩张的毛细血管内皮细胞，最终导致血管闭塞退化，从而改善皮肤红血丝、红痘印。

② 皮肤中的色素对整个可见光区的光都有吸收，产生选择性光热作用，使色素基团破坏、分解，色素碎片通过皮肤表面排出或经吞噬细胞吞噬后代谢，提亮肤色，改善色素沉着。

③ 强脉冲光可部分被水吸收，表皮中靶基吸收的热量向下传导至真皮层，从而在皮肤深层组织中产生光热作用，使局部发生轻微的炎症反应，诱导真皮的损伤修复过程，促进胶原纤维再生，达到嫩肤效果。

IPL因为光诱导真皮胶原热变性、刺激胶原合成，对皱纹有一定的治疗效果，对毛孔粗大、毛细血管扩张也有很好的疗效。曝光时间越长，尤其是多脉冲模式，越多的能量传递到真皮，胶原变性产生的光子嫩肤的效果越好。强脉冲光嫩肤的原理见图4-1。

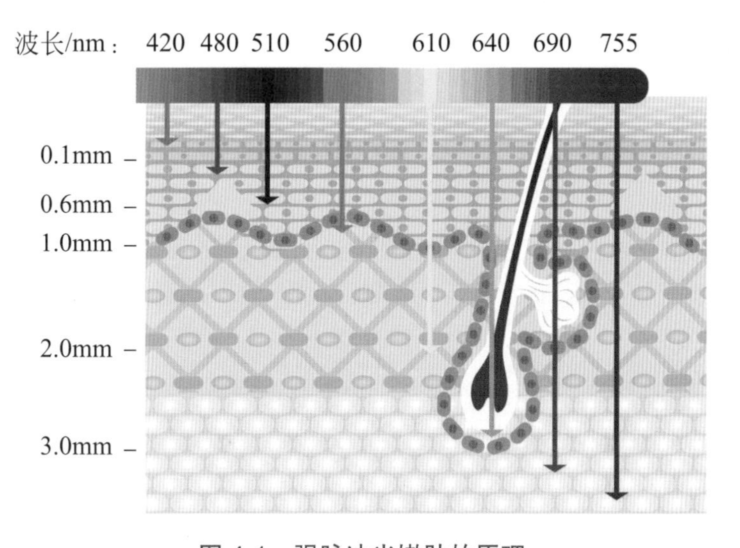


图 4-1 强脉冲光嫩肤的原理

3. 适应证

① 皮肤衰老。

② 血管性疾病。

③ 色素性疾病。

④ 多毛症。

⑤ 炎症性皮肤病：寻常型痤疮、玫瑰痤疮等。

⑥ 瘢痕等。

4. 禁忌证

① 光过敏或正在服用光敏性药物的患者。

② 瘢痕体质或治疗部位有感染的患者。

③ 怀疑有皮肤恶性病变的患者。

④ 治疗部位有感染、出血倾向的患者。

⑤ 癫痫、糖尿病、严重心脑血管疾病的患者。

⑥ 存在不现实期望的患者。

⑦ 不配合治疗的患者。

⑧ 孕妇。

⑨ 近期有暴晒史，或术后不能严格进行防晒的患者。

## 二、二氧化碳激光

1. 二氧化碳激光概述

二氧化碳激光是一种气体激光，波长为10.6μm，它可以让组织气化而达成治疗的目的。主要用于治疗血管性皮肤病，色素性皮肤病，恶性肿瘤，良性肿瘤或囊肿，角化、增生、皮肤表面赘生物及其他皮肤病等。

2. 二氧化碳激光器的原理

二氧化碳激光器是一种以$CO_2$气体为主要工作物质的气体分子激光器，二氧化碳激光器的输出波长为10.6μm，属于中红外线波段。在这一波段，组织中的水具有较高的吸收率。当二氧化碳激光束辐照在生物组织上时，生物组织中的水可吸收激光能量而升温。当温度达到100℃左右时，液态水开始沸腾并汽化为气态水。如果激光输出功率较高，这一转化过程在非常短的时间内完成，那么组织内液体水的汽化过程将非常迅速而剧烈，导致组织成分爆破，从而达到组织消融的目的。

早期应用的二氧化碳激光器能量输出往往为连续模式，在临床上的主要用途为组织切割和汽化消融。在组织切割上，二氧化碳激光器往往采用高能量输出，可凝固直径小于0.5mm的血管而减少术中创面出血，而且可以封闭小的神经末梢和淋巴管，减少术后神经疼痛和组织水肿。在应用于组织汽化消融时，往往采用低能量密度进行治疗。20世纪90年代，亦有应用二氧化碳激光器进行皮肤重建来治疗光老化皮肤。

3. 适应证

以下为美容常见皮肤疾病的适应证。

① 皮肤表面赘生物：如扁平疣、寻常疣。

② 良性肿瘤或囊肿：如汗管瘤、脂溢性角化病（老年疣、隆起的老年斑）、皮脂腺增生症。

③ 色素性皮肤病：如小的黑痣。

④ 血管性皮肤病：如蜘蛛痣。

4. 禁忌证

与强脉冲光禁忌证基本相同。

## 三、光电美容注意事项

1. 光电美容术前注意事项

① 光电美容术前，居家和生活美容的院护方案以皮肤保湿、防晒为主。

② 术前评估，沟通预期效果，明确告知皮肤白皙的顾客色素沉着发生率低，皮肤本身较黑的顾客色素沉着发生率高。了解顾客近期是否有过暴晒或者术后有暴晒的可能，如果有此情况，建议暂缓治疗。根据顾客的预期效果评估治疗次数，让顾客清晰了解术中操作、术后创面护理方法及恢复期。

③ 光电美容术前的近一个月避免阳光暴晒。

④ 询问病史，排除禁忌证。

⑤ 卸妆、清洁面部；照相。

⑥ 签署知情同意书。

⑦ 二氧化碳点阵治疗的顾客根据需要局部注射利多卡因注射液或外敷5%利多卡因乳膏进行表面麻醉30～60分钟，之后彻底清除麻醉药膏。

2.光电美容术后注意事项

① 强脉冲光术后即刻冷敷治疗部位20～30分钟，直至热感消退；二氧化碳激光术后治疗部位隔无菌纱布后，适当冰敷20～30分钟，减轻患者疼痛。

② 二氧化碳激光术后治疗部位涂抹消炎药膏（如红霉素眼膏、百多邦莫匹罗星软膏等），预防感染。

③ 二氧化碳激光术后5～7天内治疗部位应保持干燥，避免碰水。

④ 光电治疗后，如治疗部位结痂，待痂皮自然脱落修复。痂皮一般5～7天脱落，切忌外力去除痂皮，否则会遗留红斑。部位不同，愈合时间也不相同，一般为5～14天，所以在术后第7天、第14天医美咨询人员应随访顾客，如果14天痂皮未脱落，则需提醒顾客及时复诊，查找原因，积极处理。

⑤ 脱痂后2～3周避免化妆、美容。居家护肤方案以保湿滋润、防护防晒为主，增加皮肤舒适感。

⑥ 光电治疗后告知顾客尽量避免室外活动，45天内严禁阳光暴晒。创面脱痂后使用物理防护防晒产品，并采用打遮阳伞、戴墨镜等防护措施。

⑦ 强脉冲光治疗后1周内，二氧化碳激光治疗后痂皮脱落前，避免进入高温场所，如汗蒸、桑拿、半身浴等；避免剧烈运动。

⑧ 光电治疗后清淡饮食，忌辛辣刺激食物，忌烟酒；避免吃光敏性食物，如菠菜、香菜等。

⑨ 光电治疗后，生活美容院护需在皮肤恢复后开始进行，方案以补水保湿、修护皮肤屏障为主。

**【想一想】** 光电美容术前、术后皮肤管理的重要性？

**【敲重点】**

1.强脉冲光医疗美容的原理、适应证、禁忌证。

2.二氧化碳激光医疗美容的原理、适应证、禁忌证。

3.光电美容注意事项。

# 第三节 注射美容及化学剥脱的皮肤管理

## 一、透明质酸注射美容

1.透明质酸概述

透明质酸是一种直链的大分子多糖，含有大量的羧基和羟基，可以与水分子形成氢键，因此具有强大的吸水性能，可吸收自身质量1000倍以上的水分，形成有黏弹性的液体。透明质酸广泛存在于人类和动物体内，是人体的固有成分之一，具有良好的生物相容性、非免疫原性、生物可降解性，最早用于眼科填充眼球内的腔隙，现广泛用于眼科、关节润滑、术后防粘连剂、伤口敷料及化妆品领域。

真皮内的成纤维细胞可以分泌透明质酸，结合大量水分，形成具有弹性的细胞外基质，保持皮肤水嫩光滑、富有弹性。随年龄增长，皮肤中的透明质酸含量降低，水分减少，胶原蛋白失水纤维化，皮肤粗糙、失去弹性。

2.透明质酸注射的原理

透明质酸填充注射原理是通过补充丢失的无形间质成分，进而改变细胞的代谢环境以及水分和离子平衡，从而增加皮肤的黏弹性，达到改善容貌的效果。

3.适应证

（1）皱纹填充

额纹、眉间纹、鱼尾纹、泪沟、法令纹、口角纹。

（2）轮廓填充

丰颧、丰颞、隆鼻、丰唇、隆下颌。

4.禁忌证

① 严重过敏反应病史。

② 凝血功能异常。

③ 注射过永久性填充剂的部位。

④ 注射过填充剂种类不明确的部位。

⑤ 月经期。

⑥ 活动性自身免疫性疾病、皮肤病且处于急性期或进展期、炎症、感染及相关疾病的部位或邻近部位。

## 二、肉毒毒素注射美容

1. 肉毒毒素概述

肉毒毒素是厌氧的肉毒梭菌产生的一种细菌外毒素，是已知最毒的微生物毒素之一，它能引起死亡率极高的以神经肌肉麻痹为特征的肉毒中毒。肉毒毒素被批准应用于临床已经30余年，对整形美容专业产生了巨大的影响。国内外已将肉毒毒素用于眼科、神经科、康复科、整形外科、皮肤科等领域多种病症的治疗。

肉毒毒素通常是以一种复合体形式存在，即神经毒素和血凝素或非血凝素蛋白的复合体，目前国际上流通的三种A型肉毒毒素制品都是这种复合体。血凝素在保持毒素的三维结构及稳定性上起着重要的作用。肉毒毒素很容易在40℃以上发生热变形，过低稀释浓度也容易使得肉毒毒素的稳定性降低。

2. 肉毒毒素注射的原理

肉毒毒素通过裂解突触体相关蛋白25（Synaptosomal-associated Protein 25，SNAP-25）而阻滞外周胆碱能神经末梢突触前膜乙酰胆碱的释放，SNAP-25是一种影响神经末梢内囊泡与突触前膜顺利结合并促使乙酰胆碱释放的必需蛋白质（图4-2）。

除抑制乙酰胆碱外，肉毒毒素也抑制其他神经递质的释放，如去甲肾上腺素、多巴胺、$\gamma$-氨基丁酸、甘氨酸、甲硫氨酸-脑啡肽及疼痛伤害感受器P物质。

肉毒毒素是有效的肌肉松弛剂，它通过对乙酰胆碱突触囊泡膜蛋白的裂解阻断，抑制神经肌肉接头乙酰胆碱释放。

肉毒毒素应用后并不能马上发挥作用，通常于48小时后起效，2周后作用达到峰值。随着神经轴突触伸出新末梢，其递质传输功能恢复，肉毒毒素作用开始减弱。与此同时，神经轴突触通过再生恢复自身功能。

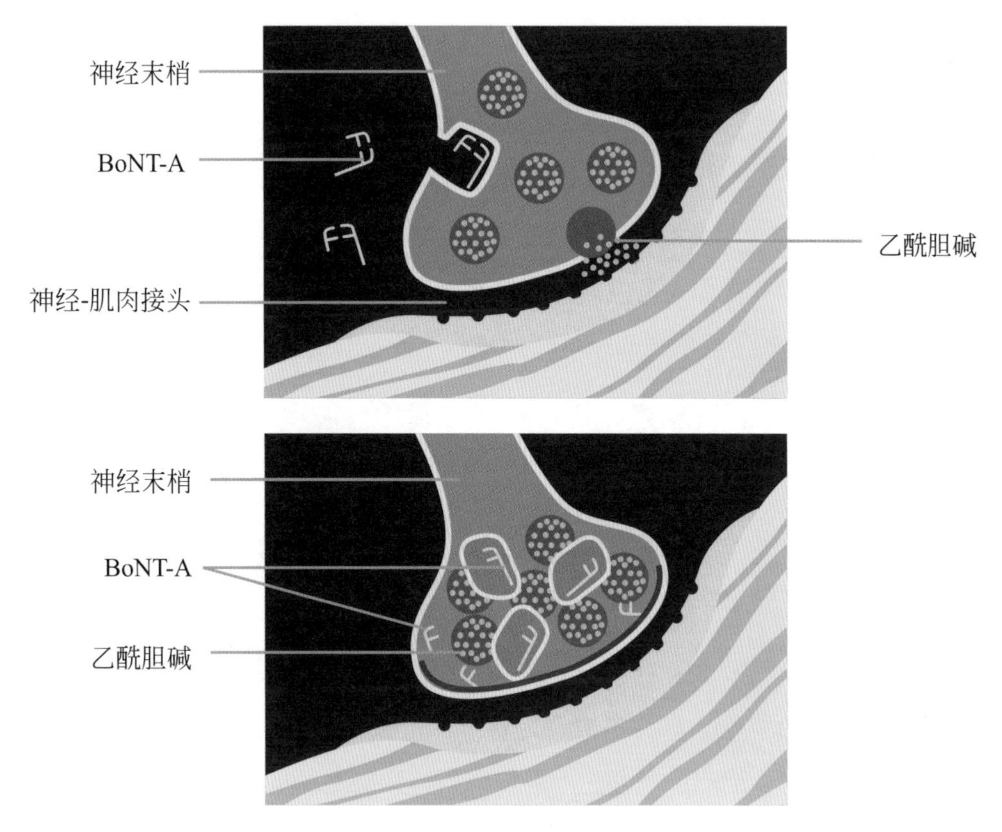


图 4-2 肉毒毒素的注射原理

BoNT-A—A 型肉毒毒素

3. 适应证

① 运动性皱纹、眉间纹、额纹、鱼尾纹、鼻背纹、口周皱纹。

② 咬肌肥大、腓肠肌肥大。

4. 禁忌证

① 精神心理疾病患者或对注射效果期望过高者。

② 对肉毒毒素过敏者。

③ 严重心肺功能不全，严重血液病患者。

④ 注射部位感染者。

⑤ 妊娠期、月经期及哺乳期妇女，计划或有可能在6个月内怀孕的女性。

⑥ 上睑下垂患者不宜进行额纹注射。

⑦ 年龄较大，静态皱纹严重患者不宜进行肉毒毒素治疗。

## 三、注射美容注意事项

1.注射美容术前注意事项

① 注射美容术前，需要对顾客的皮肤健康状态做评估。例如，顾客正值痤疮爆发期要求隆鼻，那么医美咨询人员应该提醒顾客及医师先进行痤疮治疗，再进行隆鼻注射治疗，这样才能达到更好的效果，这样的操作流程也会更加安全。

② 对于面部注射的顾客，需术前使用评估单做综合评估。按照个人要求和美学标准，对其整个面部及五官进行仔细观察和测量。面部美容是一个整体，牵一发而动全身，单单就顾客提出的问题进行设计可能会忽略整体观，在做方案设计时，需要考虑与整个面部相匹配。而美容的效果评价是非常主观的，因此在评估时，医美咨询人员需要认真听取顾客的诉求，同时结合美学标准，与顾客达成共识。

③ 每一位顾客在注射前、注射后、随访时均需要拍照，用于效果的评估及再次注射时的设计。医学美容摄影需使用专业设备，每位顾客需要拍摄面部无表情加睁眼，正面、左侧面45°、右侧面45°的照片；隆鼻需要加拍左右90°侧脸照片；相应玻尿酸注射需要拍摄仰头等照片；肉毒毒素注射需要拍摄相应的笑容、抬眉、皱眉、鱼尾纹展露、颏肌收缩、下拉口角六个表情照片。

④ 注射前告知及签署《注射知情同意书》。初诊时应告知顾客有关注射美容的基本知识和注射前后的注意事项，仔细询问病史，排除禁忌注射的患者和有可能产生危险的患者。

2.注射美容的术后注意事项

① 透明质酸注射后需冰敷30分钟，并留观，注意观察皮肤色泽改变及患者是否有持续疼痛等不适。

② 注射美容后，会出现皮肤水肿、瘀青、疼痛的现象，一般1周内即可消退。注射后局部压迫、冰敷可减轻局部反应。

③ 肉毒毒素注射后咬肌咀嚼无力、抬眉减弱属于正常药物的反应，饮食宜松软。

④ 肉毒毒素注射后表情异常通常在1～2个月后逐渐恢复。

⑤ 肉毒毒素是一种蛋白质，在注射场所需配备急救设施和抗敏药物。一旦出现严重的过敏反应，应立即吸氧、肾上腺素注射等对症治疗。

⑥ 注射美容术后3天密切随访，通过电话、微信等形式与顾客保持联系。认真填写记录单，用于后续再次注射或随访。

⑦ 注射美容后待皮肤恢复正常方可进行日常护肤。

## 四、化学剥脱术

1.化学剥脱术概述

化学剥脱术可改善皮肤不平整、光化学损伤、色素性损伤、皮肤衰老等，通过控制对于皮肤浅层、中层、深层的剥脱，取得不同的效果。化学剥脱术是医生最常用的皮肤重建术，副作用相对较小，使用历史久，操作简单，价格低廉，恢复期较短。

2.化学剥脱术的原理

化学剥脱的实质就是破坏与重建。化学剥脱可通过破坏角质层细胞间的相互连接，去除多余的角质层；它可以部分破坏表皮层，促进表皮细胞更替和真皮胶原再生；即使浅层剥脱只破坏了表皮细胞，通过表皮细胞分泌的各组细胞因子，也可以在一定程度上使真皮层的结构发生变化，例如在浅层剥脱中常用甘醇酸，它不但可以渗透到真皮，直接加速成纤维细胞合成胶原，还可以通过刺激角质形成细胞释放细胞因子来调节基质的降解和胶原生成。

3.适应证

浅层化学剥脱适用于位于表皮或真皮浅层的皮肤疾病，例如痤疮、黄褐斑、脂溢性角化病、日光性角化病、雀斑、毛孔粗大、轻度皮肤瘢痕及皮肤细纹等。

4.禁忌证

① 角质层薄、皮肤屏障功能受损的人。

② 对所要使用的化学试剂过敏的人。

③ 目前剥脱部位有过敏性皮炎的人。

④ 目前面部有细菌或病毒感染性皮肤病（如单纯疱疹、寻常疣）。

⑤ 有免疫缺陷性疾病。

⑥ 在6个月内口服过维A酸类药物。

⑦ 正在口服抗凝药或吸烟的人，因为皮肤愈合速度慢，不适合做化学剥脱。

⑧ 近期做过手术（有正在愈合的伤口）。

⑨ 近期接受过放射治疗。

⑩ 对光防护不够或日晒伤。

⑪ 有肥厚性瘢痕或瘢痕疙瘩病史。

⑫ 在6个月内局部做过冷冻治疗。

⑬ 妊娠妇女。

⑭ 有炎症后色素沉着或色素减退的病史。

5.化学剥脱术注意事项

（1）化学剥脱术术前注意事项

① 涂抹化学剥脱剂之前应该严格清洁皮肤，去除油脂、皮屑，并反复确认油脂是否清除干净。充分、彻底、均匀的洁面能够保证剥脱剂均匀渗透。

② 浅层化学剥脱适用于痤疮、脂溢性角化病、雀斑等皮肤问题，通常需要多次剥脱才能获得良好的效果，操作时有轻微刺痛和烧灼感，需提前告知顾客。

（2）化学剥脱术术后注意事项

① 化学剥脱术后应该在24小时内随访顾客，观察并记录其红斑、疼痛、瘙痒的情况。嘱咐顾客做好保湿，前3天每日敷贴冷藏后的医用敷料面膜。

② 化学剥脱最常见的并发症是色素沉着，色素沉着的本质是炎症反应，是黑素细胞受损后的过度反应造成的，所以治疗后告知顾客尽量避免室外活动，45天内严禁阳光暴晒。在使用物理防护防晒产品的同时应采用打遮阳伞、戴墨镜等防护措施。

③ 化学剥脱术后45天内避免进入高温场所，如汗蒸、桑拿、半身浴等；避免剧烈运动。

④ 化学剥脱术后清淡饮食，忌辛辣刺激食物，忌烟酒；避免吃光敏性食物，如菠菜、香菜等。

⑤ 最严重的并发症是化学烧伤后的瘢痕形成，剥脱越深瘢痕形成的风险越高。瘢痕形成前常出现持续红斑，红斑区域应局部应用皮质类固醇治疗，可以逆转瘢痕形成的过程。如果效果不佳，可以向皮损内注射皮质类固醇。

⑥ 化学剥脱术后生活美容院护需在皮肤恢复后开始进行，方案以补水保湿、修护皮肤屏障为主。

**【想一想】** 注射美容及化学剥脱的术前术后皮肤管理的重要性?

**【敲重点】** 1.透明质酸注射美容的原理、适应证、禁忌证。
2.肉毒毒素注射美容的原理、适应证、禁忌证。
3.化学剥脱术的原理、适应证、禁忌证。
4.注射美容及化学剥脱术的注意事项。

## 第四节 手术美容的皮肤管理

### 一、埋线提升术

1.埋线提升术概述

埋线［PDO（对二氧环己酮）/PPDO（聚对二氧环己酮）］治疗，以下简称PDO埋线。将可吸收的PDO或其他可吸收线埋入面部，形成网状支撑，起到固定或者压迫的作用，从而在站立位时，视觉上形成了紧致、瘦脸、提升的效果。半年到两年的时间内，可吸收材料降解，线体周围组织形成瘢痕样的结缔组织，瘢痕收缩继续起到提升的作用。

2.埋线提升术的原理

面部提升的基本原理是通过“倒刺线”来创造支撑点，插入组织后在斜向上或垂直向上的方向上创造一个相对稳定的结构，无组织切口或手术剥离，可显著激活细胞的生理活动，促进细胞的代谢活动。此种手术的目的是复位组织，利用PDO线带来的组织褶皱和填充物形成的空间，在微创的情况下重建理想组织结构，同时获得更好的血管再生，从而达到预防衰老、下垂矫正、凹陷矫正及肤质改善等多重作用。此材料可被动性吸收，体内胶原蛋白可替代性生成新的支持韧带，因此面部提紧效果可以维持较长时间，而且体内不遗留异物。面部提升术原理（通过倒刺对组织的制约，缩短组织原有的距离）见图4-3。

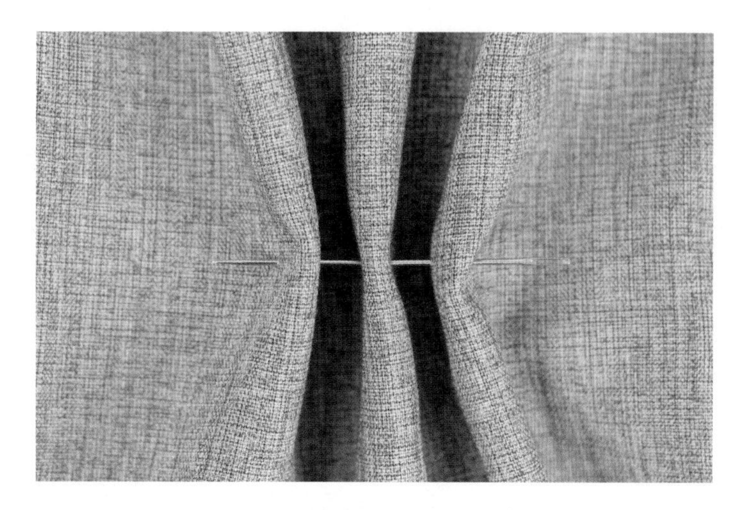

图 4-3　面部提升术原理示意图

3. 适应证

皮肤松弛导致的软组织下垂要求提升改善衰老面容的顾客。

4. 禁忌证

① 肥胖、面部软组织容量过大。

② 瘦小、面部软组织容量过小的顾客在术后可能会出现埋线暴露的问题。

③ 皮肤过度松弛、过多皱纹，切除赘余皮肤。

④ 过敏体质者。

⑤ 严重心脏病及高血压、糖尿病患者。

⑥ 凝血功能障碍患者。

⑦ 传染性疾病患者。

⑧ 对疗效期望值过高患者。

5. 埋线提升术注意事项

（1）埋线提升术术前注意事项

① 术前需排查手术禁忌证。

② 检查顾客皮肤松弛程度，面部是否对称，有无瘢痕、色素痣等。

③ 顾客需在术前、术后至少各忌烟2周。

④ 抗凝药、血管扩张药、激素类药品如阿司匹林、维生素E、双嘧达莫等至少停用1周以上。

⑤ 与顾客沟通预期效果，顾客的自身条件对手术效果起着至关重要的作用。

⑥ 给顾客介绍手术特性，简述手术过程，沟通务工恢复期，让顾客能够放下未知的恐惧心理，舒适地配合手术过程及术后恢复过程。

⑦ 面部或者手术部位周围有感染或者痤疮炎症期需先控制感染。

⑧ 术前摄影正面、左侧面45°、右侧面45°，保留手术证据，以便术中及术后评估，留档。

⑨ 避开月经期、妊娠期或者哺乳期。

（2）埋线提升术术后注意事项

① 术后48小时内避免大笑。

② 术后48小时内低盐、进流食。

③ 术后48小时内冰敷。

④ 保持手术部位清洁，防止感染。如果有血痂，用生理盐水轻轻蘸掉。

⑤ 术后30天内避免按摩面部，轻柔护肤。

⑥ 术后45天内避免剧烈运动。

⑦ 术后3天内避免手术部位沾水。

⑧ 术后1天、3个月、6个月访视。拍摄医学影像，用于留档。

⑨ 术后提醒顾客手术恢复区需要消除皮下肿胀，埋线术在3个月后才能出现最终效果。

⑩ 为了效果更持久，可以在半年后加线进行加固，从而达到更好的效果。

⑪ 术后生活美容院护时需谨慎选择按摩及仪器护理。

## 二、重睑术

1. 重睑术概述

重睑术是美容外科最简单也是最复杂的小手术，通过埋线法或者切口睑板固定法使眼睑皮肤与提上睑肌腱膜建立联系，睁眼时上睑皮肤凹陷成重睑沟。切口睑板固定法术中能够通过切取赘余皮肤增加眼睛的年轻感，通过修剪眼轮匝肌和睑板前筋膜、切取眶脂的方式减轻上睑臃肿感，通过缝合缩短提上睑肌增加睫毛上翘度增加眼睛的立体感，复杂的术式增加眼睛的立体全方位美感。

2. 重睑术原理

提上睑肌腱膜在上睑板上缘附近与眶隔融合，并向下附着于睑板前面。当有部分提上睑肌纤维穿过眶隔及眼轮匝肌抵达上睑皮下并附着，睁眼时即可形成双眼皮。

3. 适应证

① 身体健康、精神正常的顾客，由于睑裂细小、上睑皮肤松弛、睫毛平直，或上睑臃肿的单睑，要求手术改善者。

② 随皮肤衰老，上睑松垂的重睑者。

③ 双眼不对称，一大一小，一单一双。

4. 禁忌证

① 精神不正常或者有心理障碍，对自身眼睑条件缺乏认知，而追求不切实际的重睑形态者。

② 青光眼、先天性弱视，内眼、外眼或眼周有感染者。

③ 各种原因的眼球过突或者眼睑退缩者。

④ 面瘫并伴有睑裂闭合不全者。上睑下垂的患者应进一步评估病因。

⑤ 患有严重心、肺、肝、肾、脑等重要脏器疾病者。

⑥ 患有严重的出血性疾病者。

⑦ 女性妊娠、月经期。

5. 重睑术注意事项

（1）重睑术术前注意事项

① 仔细询问顾客的职业、年龄、心理状态和对手术的要求。

② 术前与顾客沟通预期效果，顾客的自身条件对手术效果起着至关重要的作用，例如，眼眶小，或者眼球突出的顾客无法做出欧式大双眼皮的效果，顾客是否做美容手术并选择哪种术式需根据其自身条件来决定。

③ 术前需排查手术禁忌证。

④ 顾客需在术前、术后至少各忌烟2周。

⑤ 抗凝药、血管扩张药、激素类药品如阿司匹林、维生素E、双嘧达莫等至少停用1周以上。

⑥ 给顾客介绍各种术式及特性，简述手术过程，沟通务工恢复期，一般术后2～3天肿胀明显，需要休息，术后5～7天拆线，切口瘢痕红肿3～6个月。让顾客能够放下未知的恐惧心理，轻松地配合手术过程及术后恢复过程。

⑦ 避开月经期、妊娠期或者哺乳期。

⑧ 面部或者手术切口周围有感染或者痤疮炎症期需先控制感染。

⑨ 术前摄影，正面、侧面45°、侧面90°，保留手术证据，以便术中及术后评估，留档。

（2）重睑术术后注意事项

① 术后即刻冰敷，在不冻伤的前提下在术后48小时内冰敷，可以防止术后出血，减少疼痛和水肿。

② 术后7天注意眼部休息，减少使用电子屏幕、电视。

③ 术后可能由于水肿顾客睁眼费力，叮嘱顾客尽量平视，反复练习睁眼，有助于消肿促进恢复。

④ 术后7天内避免手术部位沾水。

⑤ 保持手术部位清洁，防止感染。切口如果有血痂，用生理盐水轻轻蘸掉。

⑥ 术后不能吃活血的药物，不能吃辛辣食物。

⑦ 术后口服抗生素预防感染以及消肿药物促进肿胀的吸收。

⑧ 术后一旦发现出血不止或者血肿，及时医院复诊。

⑨ 术后1天、3个月、6个月访视。拍摄医学影像，用于留档。

⑩ 术后提醒顾客手术需要恢复期消除皮下肿胀，需6～12个月后才能出现最终效果。

⑪ 手术恢复后，生活美容院护应注意加强眼部护理，但谨慎使用仪器。

## 三、隆鼻术

1.隆鼻术概述

隆鼻是将鼻子的外观进行调整或重建的一种行为，主要诉求为使鼻子更加的美观，常用于解决一些因意外引发的鼻部外伤，或由于先天性缺陷造成鼻外形不美观的问题。

2.隆鼻术原理

分离鼻部皮肤与皮下软组织并放入框架进行“重塑”的动作，然后缝合切口，通过胶带固定刚完成手术的鼻子，以促进愈合。根据不同的患者需求，有时会采用自体软骨（肋骨、耳软骨、鼻中隔软骨）的移植，或是与一般填充物同时进行，用来加强或是改变鼻部的轮廓。

3.适应证

① 低鼻：指从鼻背到鼻尖部，整个鼻梁都比较低。严格说，各个民族都有鼻梁高度的平均值，如果低于该值，才叫低鼻。有些人以西方民族的鼻梁高度为标准，而认为自己的鼻梁低，这显然不合适。另外，确定鼻梁的高低，还得结合脸型等各种特征来考虑。

② 鞍鼻：是中国常见的一种鼻畸形。和低鼻一样，其鼻背高度低于正常值，鼻梁的骨和软骨部分多半凹陷，但鼻尖向上，形状如马鞍。

③ 直鼻：鼻梁高度尚可，但形态笔直，缺乏应有的锥体感。最高点位于鼻尖。

④ 鼻尖低垂鼻：鼻尖低垂，鼻最高点位于鼻背。

⑤ 鼻根低平鼻：鼻根低平，鼻尖、鼻背外形尚可，眼距显宽，鼻体显短，似比例失调。

⑥ 波浪鼻：鼻背中轴线上有两处凹陷，使鼻中轴线不完整流畅。

⑦ 鼻孔横卧鼻：由于鼻端发育不良，导致鼻孔未竖立呈“八”字，鼻翼显宽大扁平，常见于唇裂术后继发鼻畸形。

⑧ 朝天鼻：鼻孔向上翻，好像鼻孔朝天一样。

⑨ 大鼻孔鼻：鼻孔大，显得面部特别不匀称。

⑩ 大鼻子头鼻：鼻子头硕大，鼻头和鼻梁不成比例。

⑪ 鼻梁短小鼻：鼻梁短小，好像就只有鼻子头一样。

⑫ 隆鼻失败：做过隆鼻手术，因失败导致鼻子不美观。

4.禁忌证

① 正在发育阶段未满18周岁。

② 面部或全身有感染（如有疖或毛囊炎）。

③ 鼻部皮脂腺丰富或有酒渣鼻。

④ 有过敏体质者。

⑤ 精神状态不稳定或对填充材料有疑虑者。

5. 隆鼻术注意事项

（1）隆鼻术术前注意事项

① 帮助顾客做好心理疏导。选择可信赖的医疗单位或医生做手术，使其对手术充满信心和安全感、消除恐惧心理，镇定自若、主动配合医生去实现美好的心愿。

② 帮助顾客充分了解隆鼻术的有关常识及手术的全过程。

③ 手术前面部不能有任何的带细菌病灶，如毛囊炎、疖、痤疮、急性眼炎、鼻窦炎、鼻炎、鼻前庭疖等。

④ 妇女月经期不能做手术。

⑤ 手术前一天洗澡，手术当天上手术台前要洗去面部的污垢和油脂，尽量减少细菌的数量，手术前还应该剪鼻毛和清洁鼻腔。

⑥ 手术前两周内，不能服用含有阿司匹林的药物，因为阿司匹林会使得血小板凝集的功能降低。

⑦ 手术前确定身体健康，无传染性疾病或其他身体炎症。

⑧ 患有高血压和糖尿病的患者，应该在初诊时向医生告知病情，以便应诊大夫制订手术方案。

⑨ 术前不要化妆。

（2）隆鼻术术后注意事项

① 术后48小时内用冰袋做局部冷敷，可减轻术后肿胀等。

② 单纯隆鼻术者，可不住院，术后在家注意休息。

③ 术后1周内假体还没有被纤维膜包绕，处于不稳定阶段，所以要加倍小心，不要触摸、挤压、碰击局部。

④ 术后如有明显不适，应及时与医生联系。

⑤ 隆鼻手术一般男性比女性出血多，而且消肿也需要更长的时间。根据隆鼻手术方法的不同，恢复期的长短也有所差异，因此应该根据自己的业余时间以及身体状况选择适合的手术方法，隆鼻手术前3～4小时，最好不要进食，尽量保持空腹，并且不要戴任何首饰。

⑥ 隆鼻手术后的2～4周，禁止戴眼镜，并且要坚持做面部冷敷，在5天左右要保持抬头的姿势，即使在躺着的时候也要垫高头部或者背部，这样有助于尽快消肿。

⑦ 应该按照处方服药，而阿司匹林或者含有阿司匹林成分的感冒药可能会导致出血，因此不可服用。

⑧ 鼻子如果出现出血，轻轻擦除就可以了。鼻子里结出鼻痂，最好不要强行抠掉，也不要经常用手触摸。

⑨ 手术恢复后，生活美容院护需谨慎使用工具及仪器清理鼻部油脂及黑头。

## 四、吸脂和自体脂肪移植术

1.吸脂和自体脂肪移植术概述

吸脂术是通过使用局部稀释麻醉的肿胀技术及连接与真空抽吸器的小抽吸管进行。自体脂肪移植术是指通过抽吸和注射的方法，将身体内脂肪从一个部位移植到另一个部位，从而达到改变面部或者身体轮廓目的的手术方法。移植物取自皮下脂肪较厚的部位，如腹部、臀部、大腿或者上臂等处，经过处理后得到纯净的颗粒脂肪，注射移植到凹陷的组织中或者需要增加软组织量的区域内。自体脂肪移植的优点是来源充足，取材方便，组织相容性好，操作简便。

2.吸脂和自体脂肪移植术原理

脂肪细胞数目至成年后保持恒定，成年人的肥胖只是脂肪细胞体积增大，而数目未增加。非手术治疗肥胖是使膨大的脂肪细胞体积缩小，并不减少数目。吸脂术减少了脂肪的细胞数目，手术效果立竿见影，并长久有效。

自体脂肪移植术原理：在血液供应丰富的条件下，移植的自体脂肪颗粒可以存活。

3.适应证

吸脂术主要适用于局部型肥胖。因为单纯饮食和锻炼对于皮下脂肪的某些区域经常没有作用，所以无心、肝、肾疾病及高血压的局部脂肪堆积者可进行吸脂术。

自体脂肪移植比一般的皮肤充填剂深，通常注射于皮下及更深层的组织中，主要用于组织缺损的充填。组织缺损常见情况如下。

① 面部皮下凹陷性缺损，如单侧或双侧颜面萎缩，面部软组织发育不良，颧、颞、额、眶区凹陷，面部手术或外伤所导致的凹陷，上唇过薄或人中过短、鼻唇沟过深、耳垂较小等。

② 先天性乳房发育不良，哺乳后乳房萎缩，双侧乳房大小不对称。

③ 各种原因所致的身体软组织凹陷，如上肢、臀部、大腿等，包括吸脂术后的凹陷。

4.禁忌证

① 患有血液系统疾病、严重心脏病及高血压的患者。

② 传染性疾病患者。

③ 孕期妇女。

④ 对疗效期望值过高患者。

5.吸脂和自体脂肪移植术注意事项

（1）吸脂和自体脂肪移植术术前注意事项

① 术前需排查手术禁忌证。

② 除常规手术前体检、试验检查外，还应在术前对手术部位进行测量、记录、照相，检查患者是否身体不对称，有无瘢痕、疝气，骨骼、肌肉情况等。

③ 顾客需在术前、术后至少各忌烟2周。

④ 抗凝药、血管扩张药、激素类药品如阿司匹林、维生素E、双嘧达莫等至少停用1周以上。

⑤ 避开月经期、妊娠期或者哺乳期。

⑥ 与顾客沟通预期效果，顾客的自身条件对手术效果起着至关重要的作用。给顾客介绍手术特性，简述手术过程，沟通务工恢复期，让顾客能够放下未知的恐惧心理，轻松地配合手术过程及术后恢复过程。

⑦ 面部或者手术切口周围有感染或者痤疮炎症期需先控制感染。

⑧ 医学摄影，保留手术证据，以便术中及术后评估，留档。

⑨ 术前6小时禁食补液，穿着宽松衣物。

（2）吸脂和自体脂肪移植术术后注意事项

① 吸脂术后穿加压内衣结合敷料至术后3天，3天后可以换轻度加压内衣。

② 自体脂肪移植受区在48小时内冰敷以减轻水肿。

③ 口服抗生素预防感染7天。

④ 术后7天内避免手术部位沾水。

⑤ 术后1天、3个月、6个月访视。鼓励顾客规律活动，恢复锻炼，合理饮食。拍摄医学影像，用于留档。

⑥ 保持手术部位清洁，防止感染。切口如果有血痂，用生理盐水轻轻蘸掉。

⑦ 臀部脂肪移植术后1周睡觉时尽量避免仰卧位，术后1个月避免坐硬板凳。

⑧ 术后一旦发现出血不止或者血肿，及时医院复诊。

⑨ 术后提醒顾客皮下肿胀、变硬、触觉减退需要3～4周的时间消退，6～12个月后才能出现最终效果。

⑩ 如果需要再次手术，需要等待1年后，保证最终效果。

⑪ 手术恢复后，生活美容身体院护需谨慎使用工具及仪器。

**【想一想】** 手术美容的术前、术后皮肤管理的重要性？

**【敲重点】**

1. 埋线提升术的原理、适应证、禁忌证及注意事项。
2. 重睑术的原理、适应证、禁忌证及注意事项。
3. 隆鼻术的原理、适应证、禁忌证及注意事项。
4. 吸脂和自体脂肪移植术的原理、适应证、禁忌证及注意事项。

## 第五节　医疗美容的皮肤管理案例——光电美容

上海的蔡女士35岁，面部有痤疮及扁平疣。她说：“我的皮肤刚开始时就是爱起痘痘，尝试去过很多的美容院做祛痘护理，不但没好，还开始长扁平疣了。开始时就长了几个，当时也没在意，但是后来越长越多，我就有些着急了，做了各种尝试，用过医院开的祛疣的药、朋友给的小偏方等，但是皮肤的状态却看起来越来越差了。”蔡女士希望能够尽快解决皮肤扁平疣的问题，经过朋友推荐来到了医美中心寻求帮助。皮肤管理师运用视像观察法对蔡女士的皮肤进行了辨识与分析，见表4-2。

**表 4-2 皮肤分析表（一）**

编号：******** 皮肤管理师：王*

<table>
<tr><td rowspan="6">基本信息</td><td>姓名</td><td>蔡**</td><td>联系电话</td><td>157********</td><td rowspan="7">医疗美容的皮肤管理<br>案例——光电美容</td></tr>
<tr><td>出生日期</td><td>19**年**月**日</td><td>职业</td><td>职业经理人</td></tr>
<tr><td>地址</td><td colspan="3">上海市黄浦区***</td></tr>
<tr><td>客户来源</td><td colspan="3">☑转介绍 ☐自媒体 ☐大众媒体<br>☐其他______</td></tr>
<tr><td>工作环境</td><td colspan="3">☑室内 ☑计算机 ☐室外 ☐粉尘<br>☐燥热 ☐湿冷 ☐其他_______</td></tr>
<tr><td>生活习惯（自述）</td><td colspan="3">1. 洗澡周期与时间：每天洗澡，时间15分钟左右<br>2. 顾客自述：洗澡时会反复揉搓面部，洗后皮肤有些紧绷，时常有痒的感觉</td></tr>
<tr><td rowspan="15">皮肤辨识信息</td><td>皮肤基础类型</td><td colspan="3">☐中性皮肤 ☐干性皮肤<br>☐油性皮肤 ☑油性缺水性皮肤</td></tr>
<tr><td>角质层厚度</td><td colspan="2">☐正常 ☑较薄 ☐较厚</td><td>光泽度</td><td>☐好 ☑一般 ☐差</td></tr>
<tr><td>皮脂分泌量</td><td colspan="2">☐适中 ☐少 ☑多</td><td>毛孔</td><td>☐细小 ☑局部粗大<br>☐粗大</td></tr>
<tr><td>毛孔堵塞</td><td colspan="2">☐无 ☐少 ☑多</td><td>毛细血管扩张</td><td>☑无 ☐轻 ☐重</td></tr>
<tr><td>肤色</td><td colspan="2">☐均匀 ☑不均匀</td><td>柔软度</td><td>☐好 ☑一般 ☐差</td></tr>
<tr><td>湿润度</td><td colspan="2">☐高 ☐一般 ☑低</td><td>光滑度</td><td>☐好 ☐一般 ☑差</td></tr>
<tr><td>弹性</td><td colspan="2">☐好 ☑一般 ☐差</td><td>肤温</td><td>☐微凉 ☑较高</td></tr>
<tr><td>自觉感受</td><td colspan="4">☐无（舒适） ☐厚重 ☑热 ☑痒 ☑紧绷 ☐胀 ☐刺痛</td></tr>
<tr><td>肌肤状态</td><td colspan="4">☐健康 ☐不安定 ☑干燥 ☑痤疮 ☐色斑 ☐敏感 ☐老化<br>☑其他 局部有扁平疣</td></tr>
<tr><td>痤疮</td><td colspan="4">☐无 ☑黑、白头粉刺 ☑炎性丘疹 ☑脓疱 ☐结节 ☐囊肿 ☐瘢痕</td></tr>
<tr><td>色斑</td><td colspan="4">☐无 ☐黄褐斑 ☐雀斑 ☐SK（老年斑） ☑PIH（炎症后色素沉着）<br>☐其他______</td></tr>
<tr><td>敏感</td><td colspan="4">☐无 ☑热 ☑痒 ☑紧绷 ☐胀 ☐刺痛 ☐红斑 ☐丘疹 ☐鳞屑<br>☐其他______</td></tr>
<tr><td>老化</td><td colspan="4">☑无 ☐干纹 ☐细纹 ☐表情纹 ☐松弛、下垂 ☐其他______</td></tr>
<tr><td>眼部肌肤</td><td colspan="4">☐无 ☑干纹 ☑细纹 ☐鱼尾纹 ☐黑眼圈 ☐眼袋 ☐松弛、下垂<br>☐其他______</td></tr>
</table>

皮肤管理师在对蔡女士的皮肤进行辨识与分析时，详细了解了她的美容史和日常护肤习惯，了解到蔡女士洗澡的时候有揉搓面部的习惯，想通过搓洗的方式把疣去掉，结果却适得其反，这让她很苦恼，见表4-3。

**表4-3 皮肤分析表（二）**

编号：******** 顾客姓名：蔡** 皮肤管理师：王*

<table>
<tr><td>美容史</td><td colspan="3">1.过敏史 □有________ ☑无<br>2.院护周期 □定期_____ ☑不定期_____ □无<br>3.顾客自述：我的皮肤刚开始时就是爱起痘痘，尝试去过很多的美容院做祛痘护理，不但没好，还开始长扁平疣了。开始时就长了几个，当时也没在意，但是后来越长越多，我就有些着急了，做了各种尝试，用过医院开的祛疣的药、朋友给的小偏方等，但是皮肤的状态却看起来越来越差了</td></tr>
<tr><td colspan="4">皮肤管理前居家护理方案</td></tr>
<tr><td colspan="4">原居家产品使用（顺序、品牌、剂型、作用、用法、用量、用具）：</td></tr>
<tr><td>晚</td><td>1.V品牌洁面啫喱<br>2.V品牌爽肤水<br>3.V品牌眼霜<br>4.W品牌面霜<br>注：偶尔护肤前会先敷补水面膜贴</td><td>早</td><td>1.V品牌洁面啫喱<br>2.V品牌爽肤水<br>3.V品牌眼霜<br>4.W品牌面霜<br>5.A品牌防晒乳</td></tr>
<tr><td colspan="4">皮肤管理前洗澡后的皮肤状态：<br>洗澡后，面部有紧绷感，时常有痒感</td></tr>
<tr><td colspan="4">皮肤管理前季节、环境、生活习惯变化后皮肤状态：<br>1.当季节变化时，痘痘炎症更明显<br>2.风大时，皮肤干燥会更明显</td></tr>
<tr><td colspan="4">原居家护理后的皮肤状态：<br>涂抹产品后，皮肤微红有油光</td></tr>
<tr><td colspan="4">原院护后的皮肤状态：<br>院护后，痘痘改善不明显，有时感觉会更严重</td></tr>
<tr><td colspan="4">顾客签字：蔡**<br>皮肤管理师签字：王*<br>日期：20**年**月**日</td></tr>
</table>

皮肤管理师对蔡女士的皮肤做了全面分析，根据蔡女士的皮肤状态及需求帮助她做了皮肤管理方案。皮肤管理师与蔡女士达成了共识，先解决皮肤痤疮问题，再用激光祛除扁平疣，见表4-4。

表 4-4 医疗美容术前皮肤管理方案表（光电美容）

编号：********　　　　皮肤管理师：王*

<table>
<tr><td colspan="2">姓名：蔡**</td><td colspan="2">电话：157********</td><td>建档时间：20**年**月**日</td></tr>
<tr><td colspan="5">顾客美肤需求：解决皮肤痤疮、扁平疣的问题</td></tr>
<tr><td colspan="5">皮肤管理后居家护理方案</td></tr>
<tr><td colspan="5">现居家产品使用（顺序、品牌、剂型、作用、用法、用量、用具）：</td></tr>
<tr><td>晚</td><td>1.REVACL肌源清洁慕斯<br>2.REVACL凝莳新颜液<br>3.REVACL凝莳新颜霜<br>4.REVACL莹润焕颜眼霜<br>5.REVACL肌源护肤粉<br>注：每天洗澡时使用REVACL肌源精华油滋润面部皮肤</td><td>早</td><td colspan="2">1.REVACL洁面乳<br>2.REVACL凝莳新颜液<br>3.REVACL凝莳新颜霜<br>4.REVACL莹润焕颜眼霜<br>5.REVACL肌源护肤粉</td></tr>
<tr><td colspan="5">行为干预内容：<br>1.禁止自己清理痤疮<br>2.使用温凉水洁面<br>3.减少摩擦，避免揉搓面部皮肤<br>4.忌食辛辣、刺激性食物及海鲜、羊肉等发物；忌食油炸、油腻食物及甜食<br>5.避免紫外线过度照射，选择物理防护<br>6.调理期内不建议使用隔离等遮瑕类产品</td></tr>
<tr><td colspan="5">院护方案</td></tr>
<tr><td colspan="5">目标、产品、工具及仪器的选择（院护项目）：</td></tr>
<tr><td colspan="5">1.目标：解决皮肤痤疮问题，使其达到激光祛疣的适术状态<br>2.产品、工具及仪器（院护项目）：痤疮皮肤院护项目<br>（1）产品：痤疮皮肤院护项目所需系列产品<br>① 氨基酸表面活性剂洁面产品<br>② 补水的微乳产品，滋润度与保湿度兼具的乳霜产品<br>③ 祛痘精华液<br>④ 皮膜修护产品<br>⑤ 补水、祛痘软膜产品<br>（2）工具及仪器：尖头痤疮清理镊（1号）、圆头痤疮清理镊（2号）</td></tr>
</table>

续表

| 操作流程及注意事项 |
| --- |
| 1. 操作流程：<br>（1）拔脂栓 （2）清洁 （3）补水、导润 （4）痤疮清理、消炎 （5）皮膜修护 （6）敷面膜<br>（7）护肤与防护<br>2. 注意事项：<br>（1）建议下午或晚上做院护<br>（2）院护后需使用物理防护产品（不用防晒及化妆品，晚间回家可不洁面）<br>（3）院护后当天不洗澡<br>（4）院护后避免皮肤出现红、热的情况，如：运动、风吹、吃火锅及辛辣刺激性食物等 |
| 院护周期：7～10天/次 |
| 顾客签字：蔡**<br>皮肤管理师签字：王*<br>日期：20**年**月**日 |

蔡女士清楚了自己皮肤在光电美容术前的改善目标，与皮肤管理师达成共识，共同配合有效实施了皮肤管理方案，经过1个多代谢周期，蔡女士皮肤痤疮的问题得到了改善，达到了适术状态，见表4-5。

表 4-5 护理记录表

编号：******** 皮肤管理师：王*

| 姓名：蔡** | | | | 电话：157******** | | |
|---|---|---|---|---|---|---|
| 序号 | 日期 | 护理内容（居家护理/院护项目） | 皮肤护理前状态 | 皮肤护理后状态 | 回访时间、院护预约时间/顾客、皮肤管理师签字 | 回访反馈/方案调整/行为干预 |
| 1 | 20**.3.9 | □居家护理<br>☑院护<br>痤疮皮肤护理 | ① 皮肤的滋润度、柔软度一般<br>② 痤疮炎症较多<br>③ 扁平疣明显<br>④ 眼部肌肤有干纹和细纹 | ① 皮肤的滋润度、柔软度有所改善<br>② 痤疮炎症略有改善<br>③ 扁平疣明显<br>④ 眼部肌肤干纹和细纹无明显改善 | 回访时间：20**.3.10<br>20**.3.12<br>院护预约时间：20**.3.19<br>顾客签字：蔡**<br>皮肤管理师签字：王* | 回访反馈：20**.3.10回访，院护后皮肤滋润、舒适<br>方案调整：/<br>行为干预：禁止自己清理痤疮 |
| 2 | 20**.3.12 | ☑居家护理<br>□院护 | ① 皮肤的滋润度、柔软度有所改善<br>② 痤疮炎症略有改善<br>③ 扁平疣明显<br>④ 眼部肌肤干纹和细纹无明显改善 | ① 皮肤的滋润度、柔软度明显改善<br>② 痤疮炎症有所改善<br>③ 扁平疣明显<br>④ 眼部肌肤干纹略有改善，细纹无明显改善 | 回访时间：/<br>院护预约时间：20**.3.19<br>顾客签字：/<br>皮肤管理师签字：王* | 回访反馈：/<br>方案调整：/<br>行为干预：忌食辛辣刺激性食物 |

续表

| 序号 | 日期 | 护理内容（居家护理/院护项目） | 皮肤护理前状态 | 皮肤护理后状态 | 回访时间、院护预约时间/顾客、皮肤管理师签字 | 回访反馈/方案调整/行为干预 |
|---|---|---|---|---|---|---|
| 3 | 20**.3.19 | □居家护理<br>☑院护<br>痤疮皮肤护理 | ① 皮肤的滋润度、柔软度明显改善<br>② 痤疮炎症有所改善<br>③ 扁平疣明显<br>④ 眼部肌肤干纹略有改善，细纹无明显改善 | ① 皮肤滋润、柔软<br>② 痤疮炎症明显改善<br>③ 扁平疣明显<br>④ 眼部肌肤干纹有所改善，细纹无明显改善 | 回访时间：20**.3.20<br>院护预约时间：20**.3.29<br>顾客签字：蔡**<br>皮肤管理师签字：王* | 回访反馈：20**.3.20回访，院护后皮肤滋润、舒适，痤疮炎症减少<br>方案调整：/<br>行为干预：注意防护 |
| 4 | 20**.3.29 | □居家护理<br>☑院护<br>痤疮皮肤护理 | ① 皮肤滋润、柔软<br>② 痤疮炎症减少<br>③ 扁平疣明显<br>④ 眼部肌肤干纹有所改善，细纹无明显改善 | ① 皮肤滋润、舒适<br>② 痤疮炎症明显改善<br>③ 扁平疣明显<br>④ 眼部肌肤干纹明显改善，细纹无明显改善 | 回访时间：20**.3.30<br>院护预约时间：20**.4.9<br>顾客签字：蔡**<br>皮肤管理师签字：王* | 回访反馈：20**.3.30回访，院护后皮肤滋润、舒适，痤疮炎症明显改善<br>方案调整：/<br>行为干预：/ |
| … | … | … | … | … | … | … |
| 7 | 20**.4.29 | □居家护理<br>☑院护<br>痤疮皮肤护理 | ① 无炎症痤疮<br>② 有少量痘印<br>③ 扁平疣明显<br>④ 眼部肌肤有细纹 | ① 皮肤滋润、柔软、舒适<br>② 有少量痘印<br>③ 扁平疣明显<br>④ 眼部肌肤有细纹 | 回访时间：20**.4.30<br>院护预约时间：20**.5.1激光治疗扁平疣<br>顾客签字：蔡**<br>皮肤管理师签字：王* | 回访反馈：20**.4.30回访，院护后皮肤滋润、柔软、舒适，无炎症痤疮<br>方案调整：皮肤已达到适术的状态，可以进行激光治疗扁平疣<br>行为干预：详见光电美容注意事项告知单（表4-6） |

光电美容注意事项告知单见表4-6。

表4-6 光电美容注意事项告知单

| 光电美容注意事项告知单 |
| --- |
| （1）二氧化碳激光术后5～7天内治疗部位应保持干燥，避免碰水。<br>（2）光电治疗后，如治疗部位结痂，待痂皮自然脱落修复。痂皮一般5～7天脱落，切忌外力去除痂皮，否则会遗留红斑。根据部位不同，愈合时间也不相同，如果14天痂皮还未脱落，需及时联系皮肤管理师查找原因，积极处理。<br>（3）脱痂后2～3周避免化妆、做院护。居家护肤方案以保湿滋润、防护防晒为主。<br>（4）光电治疗后尽量避免室外活动，45天内严禁阳光暴晒。创面脱痂后使用物理防护防晒产品，并采用打遮阳伞、戴墨镜等防护措施。<br>（5）强脉冲光治疗后一周内，二氧化碳激光治疗后痂皮脱落前，避免皮肤出现红、热的情况，如：运动、风吹、吃火锅等；避免进入高温场所，如汗蒸、桑拿、半身浴等。<br>（6）光电治疗后清淡饮食，多吃抗氧化食物，适当补充胶原蛋白、沙棘等；避免吃辛辣刺激性食物，避免吃光敏性食物，如菠菜、香菜等；忌烟酒。<br>顾客签字：蔡**<br>日期：20**年4月29日 |

蔡女士通过医疗美容术前皮肤管理后，皮肤滋润、柔软、舒适，已无炎症痤疮，皮肤已达到适术状态，并预约了医生进行激光祛疣，见表4-7。

表 4-7 护理记录表

编号：******** 皮肤管理师：王*

| 姓名：蔡** | | | | 电话：157******** | | |
|---|---|---|---|---|---|---|
| 序号 | 日期 | 护理内容（居家护理/院护项目） | 皮肤护理前状态 | 皮肤护理后状态 | 回访时间、院护预约时间/顾客、皮肤管理师签字 | 回访反馈/方案调整/行为干预 |
| 1 | 20**.5.1 | □居家护理<br>☑院护<br>二氧化碳激光祛除扁平疣 | 皮肤滋润、柔软、舒适，无炎症痤疮；皮肤已达到适术状态 | 扁平疣祛除后结痂，痂皮周围皮肤微红 | 回访时间：20**.5.2<br>20**.5.4<br>20**.5.8<br>院护预约时间：/<br>顾客签字：蔡**<br>医生签字：庄**<br>皮肤管理师签字：王* | 回访反馈：20**.5.2回访，扁平疣祛除后，痂皮周围皮肤微红<br>20**.5.4回访，痂皮周围皮肤微红已消退<br>方案调整：/<br>行为干预：遵医嘱，切忌外力去除痂皮 |
| 2 | 20**.5.8 | ☑居家护理<br>□院护 | 皮肤表面略干燥，痂皮已自然脱落，痂皮脱落处微红 | 皮肤滋润，痂皮脱落处微红 | 回访时间：/<br>院护预约时间：20**.5.29<br>顾客签字：/<br>皮肤管理师签字：王* | 回访反馈：/<br>方案调整：恢复正常规律护肤，每晚护肤后需用REVACL肌源精华油涂抹痂皮脱落处，三周后可进行院护<br>行为干预：注意防护防晒，做好物理避光 |

蔡女士面部的扁平疣经过激光治疗后被祛除，为了使皮肤达到更好的状态，蔡女士请皮肤管理师为自己制订了医疗美容术后皮肤管理方案，见表4-8。

表 4-8 医疗美容术后皮肤管理方案表（光电美容）

编号：******** 皮肤管理师：王*

<table>
<tr><td colspan="2">姓名：蔡**</td><td>电话：157********</td><td>建档时间：20**年5月29日</td></tr>
<tr><td colspan="4">顾客美肤需求：预防祛疣部位皮肤产生色素沉着，加强皮肤屏障功能</td></tr>
<tr><td colspan="4">居家护理方案</td></tr>
<tr><td colspan="4">现居家产品使用（顺序、品牌、剂型、作用、用法、用量、用具）：</td></tr>
<tr><td>晚</td><td>1.REVACL洁面乳<br>2.REVACL凝莳新颜液+REVACL源之素紧致抗皱精华液<br>3.REVACL凝莳新颜霜<br>4.REVACL莹润焕颜眼霜<br>5.REVACL肌源护肤粉<br>注：每天洗澡时使用REVACL肌源精华油滋润面部皮肤</td><td>早</td><td>1.REVACL洁面乳<br>2.REVACL凝莳新颜液<br>3.REVACL凝莳新颜霜<br>4.REVACL莹润焕颜眼霜<br>5.REVACL肌源护肤粉</td></tr>
<tr><td colspan="4">行为干预内容：<br>1.日常护肤应使用温凉水清洁面部<br>2.规律护肤<br>3.避免紫外线过度照射，选择物理防护<br>4.适当补充胶原蛋白、沙棘等</td></tr>
<tr><td colspan="4">院护方案</td></tr>
<tr><td colspan="4">目标、产品、工具及仪器的选择（院护项目）：</td></tr>
<tr><td colspan="4">1.目标：预防祛疣部位皮肤产生色素沉着，加强皮肤屏障功能<br>2.产品、工具及仪器（院护项目）：皮肤修复院护项目<br>（1）产品：皮肤修复院护项目所需系列产品<br>① 氨基酸表面活性剂洁面产品<br>② 滋润度与保湿度兼具的膏霜产品<br>③ 皮肤修复产品<br>④ 皮膜修护产品<br>⑤ 水凝胶面膜<br>（2）工具及仪器：无</td></tr>
</table>

续表

| 操作流程及注意事项 |
|---|
| 1.操作流程：<br>（1）软化角质 （2）清洁 （3）补水、导润 （4）导润+皮膜修护 （5）敷水凝胶面膜 （6）护肤与防护<br>2.注意事项：<br>（1）建议规律做院护<br>（2）院护后需使用物理防护产品<br>（3）院护后当天回家不洗澡<br>（4）院护后避免皮肤出现红、热的情况，如：运动、风吹、吃火锅及辛辣刺激性食物等<br>（5）院护后次日早晨，用清水洁面，膏霜剂型产品用量加大 |
| 院护周期：15～20天/次 |
| 顾客签字：蔡**<br>皮肤管理师签字：王*<br>日期：20**年5月29日 |

蔡女士清楚了自己皮肤的改善目标，与皮肤管理师共同配合有效实施了医疗美容术后皮肤管理方案，见表4-9。

表 4-9 护理记录表

编号：******** 皮肤管理师：王*

| 姓名：蔡** | | | | 电话：157******** | | |
|---|---|---|---|---|---|---|
| 序号 | 日期 | 护理内容（居家护理/院护项目） | 皮肤护理前状态 | 皮肤护理后状态 | 回访时间、院护预约时间/顾客、皮肤管理师签字 | 回访反馈/方案调整/行为干预 |
| 1 | 20**.5.29 | □居家护理<br>☑院护<br>皮肤修复护理 | ① 皮肤滋润、柔软<br>② 皮肤点疣部位遇冷热刺激容易变红<br>③ 有少量痘印 | ① 皮肤滋润、柔软、通透<br>② 痘印淡化 | 回访时间：20**.5.30 20**.6.1<br>院护预约时间：20**.6.18<br>顾客签字：蔡**<br>皮肤管理师签字：王* | 回访反馈：20**.5.30 回访，院护后皮肤滋润、舒适，痘印淡化<br>方案调整：/<br>行为干预：注意防护防晒 |
| 2 | 20**.6.1 | ☑居家护理<br>□院护 | ① 皮肤滋润、柔软<br>② 皮肤点疣部位遇冷热刺激变红现象有所改善<br>③ 痘印淡化 | ① 皮肤滋润、柔软、通透<br>② 皮肤点疣部位遇冷热刺激变红现象有所改善<br>③ 痘印淡化 | 回访时间：/<br>院护预约时间：20**.6.18<br>顾客签字：/<br>皮肤管理师签字：王* | 回访反馈：/<br>方案调整：/<br>行为干预：/ |
| 3 | 20**.6.18 | □居家护理<br>☑院护<br>皮肤修复护理 | ① 皮肤滋润、柔软<br>② 皮肤点疣部位遇冷热刺激变红现象明显改善，皮肤屏障功能基本恢复健康<br>③ 痘印明显淡化 | ① 皮肤滋润、白皙、通透<br>② 皮肤屏障功能基本恢复健康<br>③ 痘印明显淡化 | 回访时间：20**.6.19<br>院护预约时间：20**.7.8<br>顾客签字：蔡**<br>皮肤管理师签字：王* | 回访反馈：20**.6.19 回访，院护后皮肤滋润、白皙、通透<br>方案调整：下次护理可以根据皮肤状态调整为年度皮肤管理规划方案<br>行为干预：/ |

蔡女士经过近3个代谢周期的皮肤管理，扁平疣和痤疮都好了。她自己总结说："我的皮肤像今天这样好，是我没有想到的，刚开始我只是想把疣点掉，没想到连我这么多年的痘痘问题都解决了。现在我的皮肤完全看不出来曾经长过痘痘和扁平疣，我特别感谢我的皮肤管理师，相信在她的帮助下，我的皮肤会越来越好。我也期待我的年度皮肤管理规划方案，我还想把我的美肤经历分享给我的朋友们，希望他们也能够在皮肤管理师的帮助下，皮肤变得越来越好！"

**【想一想】** 医疗美容顾客术前皮肤管理方案的目标是什么？

**【敲重点】** 光电美容注意事项告知单。

**【本章小结】**

本章从医疗美容的法律规范出发，对常见的医疗美容技术，做了详细阐述。同时还将皮肤管理在医疗美容中的作用直接全面地展现出来，更清晰地体现了皮肤管理与医疗美容相辅相成的关系，从而让医学美容知识成为皮肤管理师指导顾客科学美容的依据。

## 【职业技能训练题目】

### 一、填空题

1. 美容医疗机构必须经卫生行政部门登记注册并获得（　）后方可开展执业活动。
2. 光电美容术前，居家和生活美容的院护方案以皮肤（　）、（　）为主。
3. 色素沉着的本质是（　）。

## 二、单选题

1. 以下哪种皮肤问题可通过 I 型嫩肤治疗（　）。

A. 皱纹

B. 毛孔粗大

C. 皮肤粗糙

D. 雀斑

2. 以下哪种皮肤问题可通过 II 型嫩肤治疗（　）。

A. 毛孔粗大

B. 雀斑

C. 毛细血管扩张症

D. 黄褐斑

3. 在强脉冲光嫩肤的原理中，光不可以通过以下哪种途径影响组织（　）。

A. 光刺激

B. 光动力反应

C. 光折射

D. 光热和光机械作用

4. 以下关于透明质酸描述错误的是（　）。

A. 透明质酸广泛存在于人类和动物体内

B. 透明质酸的吸水性能较弱

C. 透明质酸具有良好的生物相容性

D. 透明质酸现广泛用于术后防粘连剂、伤口敷料及化妆品领域等

5. 以下哪项不属于吸脂和自体脂肪移植术的禁忌证（　）。

A. 传染性疾病患者

B. 孕期妇女

C. 患有血液系统疾病、严重心脏病及高血压的患者

D. 局部肥胖患者

## 三、多选题

1. 关于申请举办美容医疗机构或医疗机构设置医疗美容科室的必备条件，以下描述正确的是（　）。

A. 具有承担民事责任的能力

B. 有明确的医疗美容诊疗服务范围

C. 符合《医疗机构基本标准（试行）》

D. 省级以上人民政府卫生行政部门规定的其他条件

E. 所有岗位人员均需取得主诊医师资格

2. 以下属于美容医疗机构包含范围的是（　）。

A. 美容医院　　B. 医疗美容门诊部

C. 医疗美容诊所　　D. 妇幼保健院

E. 疗养院

3. 以下哪些皮肤问题可以通过二氧化碳激光治疗（　）。

A. 血管性皮肤病　　B. 色素性皮肤病

C. 恶性肿瘤　　D. 良性肿瘤

E. 皮肤表面赘生物

4. 负责实施医疗美容项目的主诊医师必须同时具备下列哪些条件（　）。

A. 具有执业医师资格，经执业医师注册机关注册

B. 具有从事相关临床学科工作经历

C. 经过医疗美容专业培训或进修并合格，或已从事医疗美容临床工作 1 年以上

D. 省级人民政府卫生行政部门规定的其他条件

E. 已从事医疗美容临床护理工作6个月以上

5. 从事医疗美容护理工作的人员应同时具备下列哪些条件（　）。

A. 具有执业医师资格，经执业医师注册机关注册

B. 具有护士资格，并经护士注册机关注册

C. 具有2年以上护理工作经历

D. 经过医疗美容护理专业培训或进修并合格，或已从事医疗美容临床护理工作6个月以上

E. 具有从事相关临床学科工作经历

## 四、简答题

1. 简述医疗美容的定义。

2. 简述医美咨询人员掌握皮肤管理技能前、后的职能变化。

# 第五章
# 皮肤管理机构品质经营

【知识目标】

1. 了解皮肤管理机构的组织架构。
2. 了解皮肤管理机构岗位设置与岗位职责。
3. 了解技术培训与员工成长的关系。
4. 熟悉技术培训的原则、形式及培训模式。
5. 掌握会员管理的内容。
6. 掌握皮肤管理机构顾客满意度与店面经营的关系。

【技能目标】

1. 具备皮肤管理机构技术管理的能力。
2. 具备皮肤管理机构顾客管理的能力。

【思政目标】

1. 培养团队协作意识与团队合作精神，践行服务意识，展现技术能力。
2. 坚持社会主义核心价值观，培养创新创业能力和门店经营与管理能力。

【思维导图】

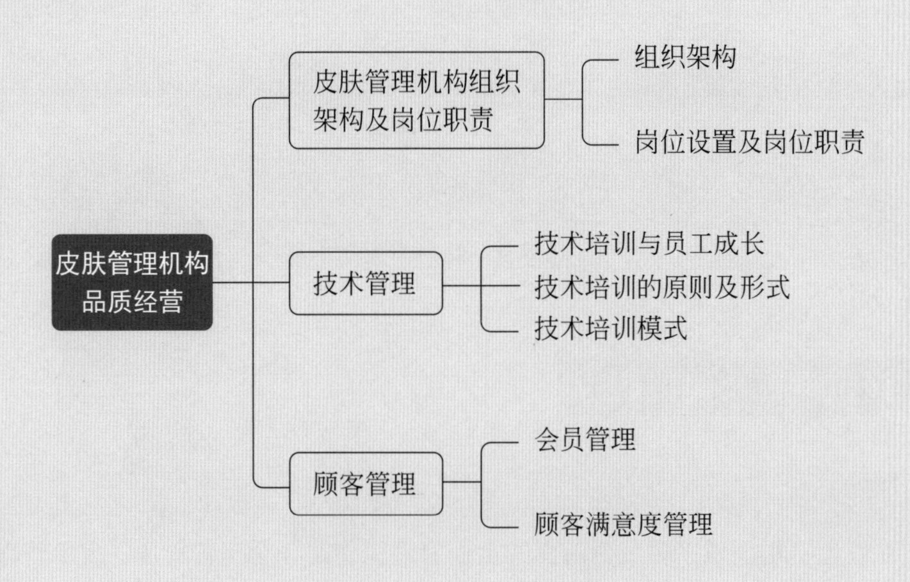


# 第一节 皮肤管理机构组织架构及岗位职责

## 一、组织架构

组织架构是指一个组织整体的结构，是在企业管理要求、管控定位、管理模式及业务特征等多因素影响下，在企业内部组织资源、搭建流程、开展业务、落实管理的基本要素。

皮肤管理机构是指为顾客提供皮肤辨识与分析、行为干预指导、居家皮肤管理、院护皮肤管理等专业服务的机构。

皮肤管理机构的组织架构是为了实现企业的目标，经过科学合理设计形成的组织内部各个部门、各个层级之间的排列方式，即皮肤管理机构组织内部的构成方式。皮肤管理机构的组织架构一般以技术和运营双线管理模式来搭建，图5-1为皮肤管理机构单店组织架构。

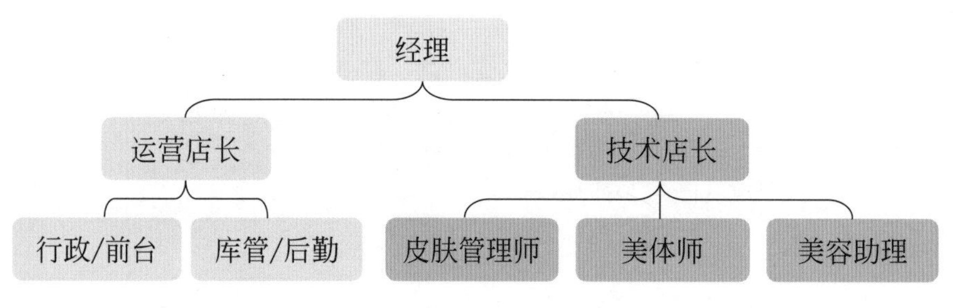


图 5-1　皮肤管理机构单店组织架构

## 二、岗位设置及岗位职责

1. 经理

皮肤管理机构经理主要负责店面的全面管理工作，包含运营管理、技术管理、团队管理、顾客管理、销售管理等，以保证店面日常经营安全化、规范化、效益化。其岗位职责如下。

① 运营管理。根据店面规划，制订并组织实施店面总体经营计划。

② 技术管理。负责技术革新、技术引进，推动店面技术进步及技术成果转化，实现经济效益。

③ 团队管理。负责人员组织管理、人才梯队建设，积极进行文化塑造，确保团队完成各项目标。

④ 顾客管理。建立顾客管理体系，动态管理顾客需求，提高顾客的满意度及忠诚度，提升店面竞争优势。

⑤ 销售管理。负责规划、落实、协调及控制店面的销售活动，达成店面销售目标。

2. 运营店长

皮肤管理机构运营店长主要负责店面整体运营体系搭建，通过店务管理、营销管理等方式，与团队配合共同落实并达成店面既定工作目标。其岗位职责如下。

① 负责店面形象及环境卫生管理。

② 负责店面人员的招聘及职业形象管理。

③ 负责企业文化建设，培养员工爱岗、敬业。

④ 负责制订店面的规章制度及非技术岗位的服务流程。

⑤ 负责市场调研并依据市场竞争动态及形势制订推广策略，达成店面宣传及顾客纳新的目标。

⑥ 负责店面各项销售活动的组织与执行，达成店面销售目标。

⑦ 负责主持运营相关的工作会议，管理店面的日常工作，及时解决出现的问题。

⑧ 负责店面财务管理。

⑨ 负责店内人员安全和财产安全。

⑩ 建立与维系顾客关系，解决顾客投诉。

⑪ 完成上级交办的其他工作任务。

3.技术店长

皮肤管理机构技术店长主要负责店面整体培训体系搭建，通过技术管理、顾客管理等方式，与团队配合共同落实并达成店面工作目标，其工作场景见图5-2。其岗位职责如下。

图 5-2　皮肤管理机构技术店长技术培训

① 负责团队专业理论知识和实践操作技能的学习管理，通过提升团队专业技术推动店面的业绩提高。

② 负责制订并优化店面技术服务流程，做好员工技术服务管理。

③ 负责制订并落实店面年度、季度、月度培训计划。

④ 负责店内员工技术培训与考核，提升其专业技术能力。

⑤ 负责顾客满意度的管理，带领团队达成顾客的留存、促活、转化与裂变。

⑥ 负责店面专业讲座的组织与执行，提升顾客对店面的信任度。

⑦ 负责主持技术相关的工作会议，管理技术团队的日常工作。

⑧ 及时解决顾客管理中出现的技术问题。

⑨ 协助运营店长解决顾客的投诉。

⑩ 完成上级交办的其他工作任务。

4.行政/前台

皮肤管理机构行政/前台主要负责店面日常事务性工作，作为店面管理中的一个重要岗位，不仅关系着顾客对店面的第一印象，而且可通过各项收支报表的统计，为店面运营和技术服务提供数据支持，其工作场景见图5-3。其岗位职责如下。

图 5-3 行政 / 前台

① 负责店容店貌的维护。

② 负责电话接听，顾客接待与预约，能够介绍店面的服务信息。

③ 负责顾客回访，主动收集顾客满意度。

④ 负责顾客档案的保管。

⑤ 负责店面各项规章制度的落实。

⑥ 负责店面收支工作，做好财务结算。填写各类报表，并及时提交相关领导。

⑦ 完成上级交办的其他工作任务。

5.库管/后勤

皮肤管理机构库管/后勤主要负责店面库房管理和后勤保障工作，作为店面管理中的一个重要支持岗位，通过对店面货品及物资的科学管控，为店面运营的高效性和经济性提供有力支持。其岗位职责如下。

① 负责完成货品的验收、登记录入、分类入库、流通等程序性的工作，做到日清日结。

② 负责定时盘点，保证所需产品的充足及新鲜度。

③ 负责库房及配备室的卫生、消毒工作。

④ 与行政/前台密切配合，及时准确出库。

⑤ 与行政/前台配合负责财产、内务、安全等管理工作，为店面提供后勤保障服务。

⑥ 完成上级交办的其他工作任务。

6.皮肤管理师

皮肤管理师是指从事顾客皮肤辨识与分析、制订并实施皮肤管理方案等工作的人员。皮肤管理机构的皮肤管理师主要负责技术服务与顾客管理，是店面经营的核心岗位，通过专业技术帮助顾客达成美肤需求，提高顾客的满意度，使顾客稳定复购并分享，从而提升店面的美誉度，促进店面的健康经营，其工作场景见图5-4。其岗位职责如下。

图 5-4 皮肤管理师为顾客进行皮肤辨识与分析

① 负责制订顾客皮肤管理方案。

② 依据顾客的居家方案，规范顾客护肤行为并指导其居家护肤方法。

③ 依据顾客的院护方案实施院护操作。

④ 负责美容工具、仪器使用前后的清洁消毒及安全检测。

⑤ 负责顾客预约、跟进、回访的动态管理。

⑥ 负责顾客的满意度管理，使顾客能够稳定到店、复购、分享及裂变。

⑦ 负责顾客皮肤管理档案的建立与更新。

⑧ 负责指导美容助理工作。

⑨ 完成上级交办的其他工作任务。

7. 美体师

皮肤管理机构美体师主要负责顾客身体的保养和护理。通过运用自然保健方法适当结合美体工具及仪器，帮助顾客达到缓解身体压力、松软肌肉、纤体美肤的目的，为顾客带来放松、舒适、愉悦的感受，从而促进顾客到店，增加店面经济效益。其岗位职责如下。

① 负责制订顾客身体护理方案。

② 依据顾客皮肤管理方案及身体护理方案实施美体操作。

③ 负责美体工具、仪器使用前后的清洁消毒及安全检测。

④ 负责顾客预约与回访。

⑤ 负责顾客的满意度管理，使顾客能够稳定到店、复购、分享及裂变。

⑥ 负责顾客美体档案的建立与更新。

⑦ 完成上级交办的其他工作任务。

8. 美容助理

皮肤管理机构美容助理作为店面的技术储备人才，主要负责皮肤管理师的辅助工作，并根据店面的人才培养计划，提升自身的专业技术能力，考核合格后，可晋升为皮肤管理师。其岗位职责如下。

① 负责为顾客介绍店面服务信息，讲解专业服务流程。

② 负责指导顾客填写个人信息。

③ 辅助皮肤管理师建立顾客皮肤管理档案。

④ 依据顾客皮肤管理院护方案，准备用品、用具及仪器。

⑤ 辅助皮肤管理师完成院护操作。

⑥ 负责讲解院护后注意事项及居家皮肤管理方案内容。

⑦ 负责整理院护后的用品、用具及仪器。

⑧ 负责护理工作区域的清洁工作。

⑨ 负责陈列产品的摆放及清理工作。

⑩ 完成上级交办的其他工作任务。

**【想一想】** 在皮肤管理机构中，为什么皮肤管理师是店面经营的核心岗位？

**【敲重点】** 1. 皮肤管理机构组织架构。
2. 皮肤管理机构岗位设置及岗位职责。

## 第二节 技术管理

技术管理是皮肤管理机构品质经营的核心，也是店面健康发展的基石。技术管理包括技术培训、技术引进、技术革新、技术成果转化等，其中切实有效的专业技术培训能使皮肤管理机构拥有一批素质高、能力强的专业人员，这也是满足顾客美肤需求的有力保障。本节主要讲解技术培训相关知识。

### 一、技术培训与员工成长

现代社会，人们终身依附于一个固定职业的可能性越来越小，对职业的要求不再一成不变，员工在不同组织和不同企业间的流动性很大，尤其是在美业，从业人员的不稳定性一直是一个老大难问题。

1.行业人员就业现状

一些本专业的毕业生，经常面临“毕业即失业”，原因是原本带着梦想进入行业，结果在实习期间发现自己没有办法通过专业让顾客实现美的改变，更多的是从事销售工作，和自己的就业理想背道而驰；一些销售能力强的从业者，虽然业绩还不错，但是工作一段时间后发现，虽然顾客买了自己推荐的所有项目及产品，但却没有帮助顾客解决皮肤问题，内心无法承受，最终跳槽甚至换了行业；一些行业的资深从业者，随着年龄增长或结婚生子后，精力体力无法继续支持原有的工作方式，也选择了离开这个行业。

2.技术培训与员工成长的关系

专业技术培训贯穿于员工成长的各个阶段。对于皮肤管理机构的技术人员来说，其职业生涯不同阶段有不同目标、不同任务。第一阶段是职业熟悉期，员工定位是初级岗位，在工作中需要有导师的指点，能够完成基本的岗位任务。这个阶段最重要的是学习企业文化，熟悉各项规章制度，掌握美容美体、皮肤管理的基本技能，学会与顾客进行有效沟通与交流，从老员工那里吸取工作经验。这一阶段的培训要能够有效激发员工的职业兴趣与向往，使其稳定从业。随着专业技术培训的加强，员工的技术技能水平不断提高，工作经验不断积累，经过三到五年，大部分员工会进入到第二阶段职业成长期，成为能够独当一面的资深员工，有稳定的顾客群且顾客满意度高，其本人对店面的忠诚度也越来越高，优秀的人员会晋升为技术主管或运营主管。第三阶段是职业发展期，持续不断的专业技术培训使一部分员工在技能上形成了自己在本岗位、本领域独特的工作技能及工作方法，其中有独到解决问题能力并得到团队认可的优秀人员，可晋升为技术店长、运营店长，或成为分店的储备店长。

由此可见，专业技术培训对于员工稳定成长及店面的健康发展至关重要。皮肤管理机构的技术人员通过不断的专业技术学习会逐渐成长为一名合格的皮肤管理师。而皮肤管理师是一个可以终身从事的职业，他完全可以像医生与教师一样，通过专业技术的提升和经验的积累，成为值得信赖、受人尊重的皮肤管理专家。所以一个健康经营的店面，需要通过专业技术的培训提升员工的职业自信，实现职业价值，获得职业荣誉感。员工也会通过不断提升的专业技术帮助顾客实现美的改变，从而获得良好的口碑，提高店面的美誉度。

## 二、技术培训的原则及形式

1.培训原则

技术培训应遵循系统性、长期性、理论与实践相结合的原则。

（1）系统性原则

因为知识本身具有内在的逻辑联系，只有通过系统的学习，员工才能够掌握完整的专业知识体系和全面的专业技能，让知识进行有效的积累，使员工对事物的了解更加深刻，更加具体，支撑其长期的职业发展。反之，如果只是碎片化的学习，员工就无法做到知识的融会贯通，在技术上也很难有所突破，只能流于标准化的流程服务，职业成就感也就无从谈起。

（2）长期性原则

技术是需要不断更新、迭代和优化的，以保持店面的核心竞争力，店面对于技术培训的长期投入及加强技术人才的建设也是对店面未来发展的投资。因为未来店面的竞争也是人才的竞争，员工只有经过长时间的培养，其技术水平才能稳步提升。所以店面坚持“以人为本”的经营理念，摒弃急功近利的态度，对员工进行长期的专业技术培养是非常重要的。

（3）理论与实践相结合的原则

理论与实践相辅相成，二者缺一不可，是辩证统一的关系。理论是实践的基础。理论是前人实践的总结，但需要在新的实践中不断完善。实践是理论学习的目的。实践出真知，实践是提高员工能力的重要途径。通过实践，可以学到许多书本上学不到的东西，会有思想性、经验性和规律性的收获。两者只有结合起来才能发挥最大的作用。理论与实践结合的技术培训是指围绕实际工作的场景，进行问题解决式的培训，即按需施教、学以致用，这是技术培训的核心。店面组织员工技术培训的目的在于通过培训让员工具备解决工作中复杂问题的能力，也就是使其通过专业技术的服务，收获顾客的信赖，最终提高个人及店面的经济效益。因此，理论与实践相结合的培训是至关重要的。

2.培训形式

培训形式可分为外部培训、内部培训和自我培训三种形式，见图5-5。

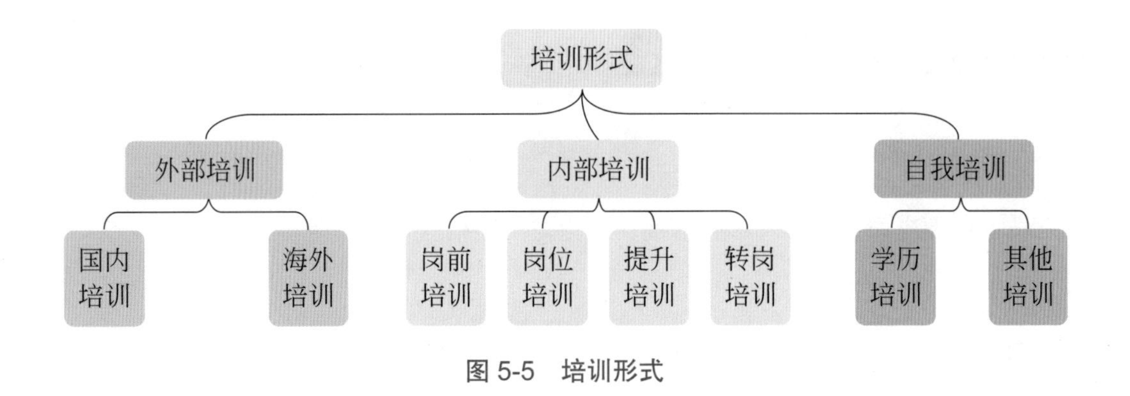


图 5-5　培训形式

（1）外部培训

外部培训指的是“请进来、走出去”式的培训。

“请进来”是指结合企业自身的业务进展，聘请外部行业专家或高等院校教授来讲课。

“走出去”是指针对一些专业能力比较好的员工或管理人员，到公司以外，包括国内外短期培训与考察、参与各种行业相关会议及交流活动等，另外还包括各类专业技术类课程进修培训、经理人培训、资格证书培训等。

（2）内部培训

内部培训是由店面统一组织实施的各种培训，主要由店面管理人员承担。企业通过内训可以让员工更多地了解企业文化、发展趋势、工作流程，优化工作技能、工作方法、工作态度以及工作的价值观等，最大限度地发挥个人潜力，推动企业和个人的不断进步，实现企业和个人的双重发展。皮肤管理机构的培训体系能够帮助员工建立正确的职业目标及掌握高超的职业技能。

内部培训主要包括：

① 岗前培训。主要是对新入职的员工进行的培训，具体内容一般是店面的经营理念、企业文化、核心价值观、员工道德规范和行为准则等。

② 岗位培训。主要培训内容为店面的产品与服务、院护操作、顾客管理等。

③ 提升培训。为提高员工专业技能、服务质量及工作效率，减少工作失误，同时为晋升做准备，需要定期对员工进行不同层次的技能升级培训。

④ 转岗培训。根据工作需要，员工在公司内调换工作岗位时，按新岗位要求，对其实施的岗位技能培训。转岗培训可视为岗前培训和岗位培训的结合。

（3）自我培训

自我培训是指店面员工自己主动通过一些方式提高自身职业道德、知识技能、身体素质等整体素质的培训活动。自我培训也是一种重要的培训方式，既有助于店面原有人才不断更新知识，又有助于店面的“潜力人才”尽快成长起来。店面应鼓励员工利用业余时间积极参加各种提高自身素质和业务能力的培训。

## 三、技术培训模式

1. 技术培训模式概述

店面技术培训是有计划、有目标、有步骤的学习，它的目标就在于使得员工的知识、技能、工作方法、工作态度以及工作观得到改善和提高，从而发挥出最大的潜力提高个人和店面的业绩。

在店面发展过程中，专业技术人才对店面的影响极大，做好专业技术人员培训工作，不断提升专业人才的技术优势，使之在行业内保持领先，是店面人才培训的重要目标。

目前常见的技术培训模式有学徒制培训模式、岗位技能培训模式、继续教育培训模式、学习型组织培训模式、任务驱动的反思性实践培训模式等。下面重点讲解皮肤管理机构最常用的任务驱动的反思性实践培训模式。

2. 任务驱动的反思性实践培训模式

美业发展至今，行业的快速发展与技术人才的需求存在着结构性的矛盾，市场急需有皮肤管理技术技能的专业人才，而传统的培训模式已无法满足行业对技术人才的需求。在这种情况下，以结果为导向的任务驱动的反思性实践培训模式对于解决上述人才的供需矛盾起到了关键作用，因为这种模式可以快速孵化出岗位急需的专业技术人才，其培训模型详见图5-6。

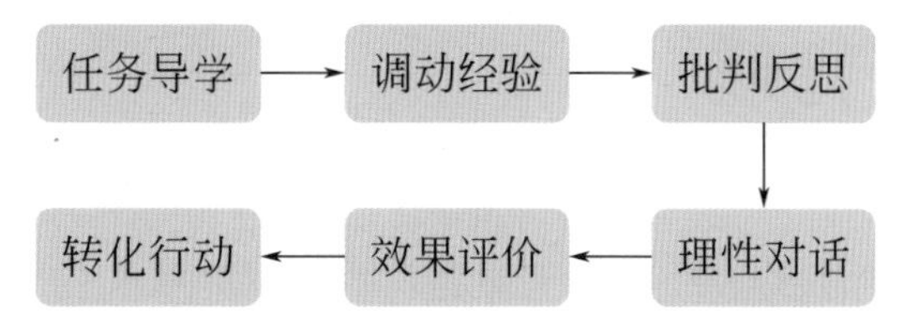


图5-6 任务驱动的反思性实践培训模式

皮肤管理机构任务驱动的反思性实践培训模式是指根据员工岗位工作任务制订学习规划，并在学习过程中经过反复实践及深度探索，认知其个人的专业优势以及需要提升的能力指标，通过工作案例的交流、总结、分享以及顾客的反馈，凝练出有效的工作方法并运用到工作中，以促进工作能力的提升。此培训模式也能够有效激励员工自主学习的能力。

【课程资源包】 

任务驱动的反思性实践培训模式案例——润芳可皮肤管理机构专业人员培训

【课程资源包】 

员工成长分享

【想一想】 任务驱动的反思性实践培训模式和传统的培训模式有什么区别？

【敲重点】
1. 技术培训与员工成长的关系。
2. 技术培训的原则及形式。
3. 任务驱动的反思性实践培训模式。

## 第三节 顾客管理

顾客是店面重要的资源，顾客管理也是店面经营的核心内容，通过完整的顾客管理体系，帮助顾客实现美肤需求，使店面从“以商品为中心”的经营理念转变到“以顾客为中心”的经营理念，从而使顾客和店面持续保持良好的关系，最终通过提高顾客的满意度和忠诚度来提升店面的核心竞争力。一般情况下，顾客管理的主要内容包括会员管理、顾客满意度管理等。

## 一、会员管理

随着互联网的发展，美业紧跟时代步伐，其会员管理方式已从传统粗放式的管理转变为现代精准的数据化管理。即通过分析型客户关系管理（A-CRM），根据分析会员历史消费行为数据，为会员建立用户画像，利用合理的会员积分和等级制度，为会员提供差异化服务关怀和精准营销，提高顾客忠诚度和复购，提高店面长期效益。

店面一般会结合自身实际情况制订相应的会员管理制度，常见的会员管理内容主要有以下几个方面，见表5-1。

表 5-1 常见的会员管理

| 分类 | 内容 |
| --- | --- |
| 档案管理 | 包括会员信息录入、修改、余额查询、会员卡挂失、换卡、会员分级等 |
| 积分管理 | 对不同等级的会员进行不同积分奖励。积分用法包括积分抵现、积分兑换礼品、积分兑换电子优惠券等 |
| 储值管理 | 顾客储值时，根据店面储值优惠规则可选择奖励储值金、积分或电子优惠券等 |
| 消费管理 | 会员消费时，根据电子优惠券的使用规则，结算时可自动抵扣 |
| 动态管理 | 1.通过数据分析后的顾客画像，发送匹配其需求的信息<br>2.根据会员需求精准匹配会员活动并邀请其参加 |
| 会员关怀 | 1.会员在节日、生日及纪念日期间会收到祝福信息及店面赠送的电子优惠券<br>2.根据会员级别可享受其相应福利 |
| 安全管理 | 1.交易提醒——在会员卡发生交易时，会员可收到交易金额及卡内余额等信息<br>2.异常监控——当会员卡出现在非常规时间段交易、交易金额大、交易频次高等异常情况时，会员可收到系统通知，预防风险产生 |

## 二、顾客满意度管理

服务是店面的主要价值表现，也是为顾客创造价值的主要源泉，它既可以为店面带来稳定的利润，也可以使店面获得优于竞争对手的核心竞争力。真正为顾客服务，就要把服务完全当作是自己的产品，店面从服务上所获得的报酬，是源于顾客的满意度，而不是其他。

迈克尔·波特教授的价值链理论，以及詹姆斯·赫斯克特教授提出的服务利润链理论，清晰地勾画了顾客价值的生成途径，以及如何在使顾客价值最大化的过程中创立竞争优势等关键问题。企业的利润及其增长主要由顾客忠诚度来激发和推动，顾客忠诚度是由顾客满意度直接决定的，顾客满意度是由顾客认为所获得的价值大小决定的，价值大小最终要靠满意、忠诚而又富有活力的员工创造，而员工对企业的忠诚依赖于员工对企业是否满意，满意与否主要取决于企业是否存在高质量的内部服务支持体系，这些相关因素之间的相互作用促进了企业的健康发展。如图5-7所示。

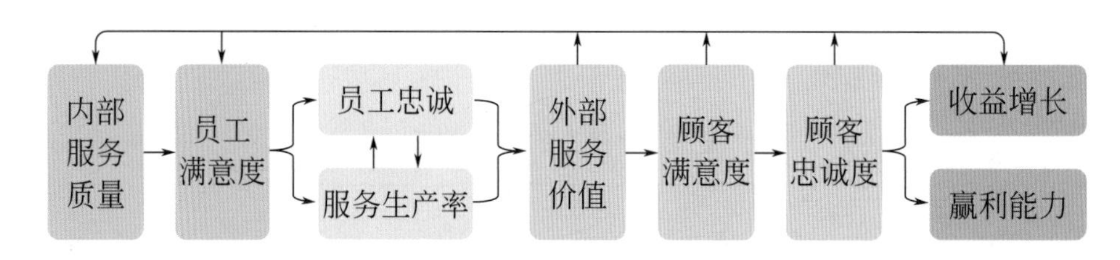


图 5-7　服务利润链与顾客忠诚的形成

皮肤管理机构，通过员工技术培训和员工关怀来实现员工的满意度，也就是内部服务质量驱动员工满意，工作本身满意取决于其完成预定目标的能力，因此技术培训对于员工满意至关重要。员工的满意度也将促进员工的忠诚度，员工满意度的提升将有助于提高其技术服务能力及服务质量，而它们也是工作效率和顾客服务价值的保证，高服务价值会使顾客的满意度提高，从而增强顾客对店面的忠诚度，顾客的满意度最终实现了店面的收益增长及赢利能力的提升。如图5-8所示。

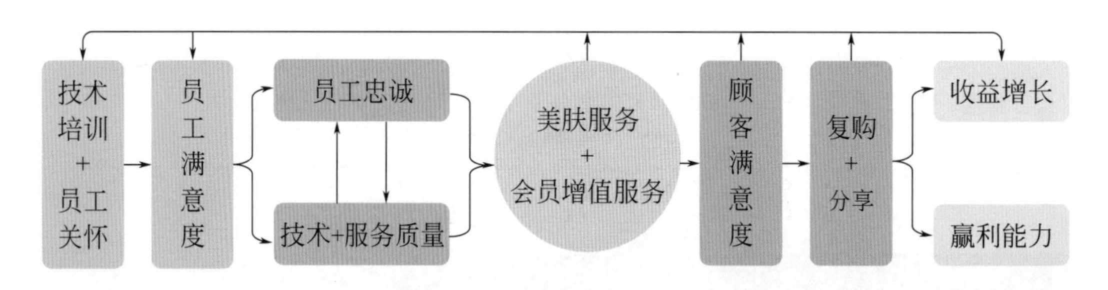


图 5-8　皮肤管理机构顾客满意度与店面经营的关系

综上所述，专业人员通过技术服务帮助顾客实现了美的改变，结合会员管理增值服务，使顾客获得期望价值的满足。顾客满意度联系着双方价值的创造，既是价值创造的因，也是价值创造的果。因此，需要企业不断增加顾客价值，用顾客价值浇铸顾客的满意，然后再收获由顾客满意度为企业带来的更大价值回报。

【课程资源包】 

会员管理增值服务——会员公益活动（沙龙会的流程模板）

【想一想】 顾客的满意度体现在哪些方面？

【敲重点】 1. 会员管理。
2. 顾客满意度管理。

【本章小结】

本章主要讲解了皮肤管理机构的品质经营，内容包括皮肤管理机构的组织架构、岗位设置及岗位职责、技术管理以及顾客管理，帮助学习者了解皮肤管理机构品质经营的重要性，以促进皮肤管理机构的健康稳定发展。

# 【职业技能训练题目】

## 一、填空题

1. 皮肤管理机构是指为顾客提供（ ）、（ ）、（ ）、院护皮肤管理等专业服务的机构。

2. 技术管理是皮肤管理机构品质经营的核心，也是店面健康发展的基石。技术管理包括（　）、（　）、技术革新、技术成果转化等。

3. 真正为顾客服务，就要把服务完全当作是自己的产品，店面从服务上所获得的报酬，是源于（　），而不是其他。

## 二、单选题

1. 皮肤管理机构（　）主要负责店面的全面管理工作，包含运营管理、技术管理、团队管理、顾客管理、销售管理等。

A. 运营店长

B. 技术店长

C. 皮肤管理师

D. 经理

2. 皮肤管理师的岗位职责不包括（　）。

A. 负责制订顾客皮肤管理方案

B. 依据顾客的居家方案，规范顾客护肤行为并指导其居家护肤方法

C. 负责完成货品的验收、登记录入、分类入库、流通等程序性的工作，做到日清日结

D. 负责顾客的满意度管理，使顾客能够稳定到店、复购、分享及裂变

3. 以下关于技术管理描述错误的是（　）。

A. 技术管理是皮肤管理机构品质经营的核心，也是店面健康发展的基石

B. 技术管理包括技术培训、销售培训、技术革新、技术成果转化等

C. 切实有效的专业技术培训能使皮肤管理机构拥有一批素质高、能力强的专业人员

D. 技术管理是满足顾客美肤需求的有力保障

4. 以下关于任务驱动的反思性实践培训模式流程描述正确的是（　）。

A. 任务导学——调动经验——理性对话——批判反思——效果评价——转化行动

B. 任务导学——调动经验——批判反思——理性对话——效果评价——转化行动

C. 任务导学——理性对话——调动经验——批判反思——效果评价——转化行动

D. 任务导学——理性对话——批判反思——调动经验——效果评价——转化行动

5. 以下关于任务驱动的反思性实践培训模式描述错误的是（　）。

A. 这种培训模式主要根据员工岗位工作任务制订学习规划

B. 这种培训模式能够使学员在学习过程中认知其个人的专业优势以及需要提升的能力指标

C. 这种培训模式能够凝练出有效的工作方法并运用到工作中

D. 这种培训模式难度很大，很难激励员工自主学习

## 三、多选题

1. 以下属于皮肤管理机构经理的岗位职责的是（　）。

A. 运营管理

B. 技术管理

C. 团队管理

D. 顾客管理

E. 销售管理

2. 皮肤管理机构在进行技术培训时，应遵循的原则包括（　）。

A. 系统性原则

B. 长期性原则

C. 突发性原则

D. 理论与实践相结合的原则

E. 随机性原则

3. 店面的内部培训一般包括（　）。

A. 岗前培训

B. 岗位培训

C. 提升培训

D. 转岗培训

E. 员工自我培训

4. 店面技术培训主要目标是提高员工的（　）。

A. 知识

B. 技能

C. 工作方法

D. 工作态度

E. 工作观

5. 技术管理包括（　）。

A. 技术培训

B. 技术引进

C. 技术革新

D. 技术成果转化

E. 技术窃取

## 四、简答题

1. 简述在皮肤管理机构中技术店长的岗位职责。

2. 简述会员管理中档案管理、动态管理的主要内容。

# 附录
# 职业技能训练题目答案

## 第一章　常见皮肤疾病

### 一、填空题

1. 玫瑰痤疮　面中部

2. 中波紫外线（UVB）　长波紫外线（UVA）

3. 激素依赖性皮炎

### 二、单选题

1.A　　2.C　　3.D　　4.A　　5.D

### 三、多选题

1.ABCD　　2.AD　　3.ABCE　　4.ABCD　　5.CDE

### 四、简答题

1. 避免在正午等阳光暴晒时间段外出，外出时注意做好防护、防晒，可逐渐外出锻炼提高对日光的耐受性。日常饮食应注意避免食用光敏性食物，例如泥螺、苋菜、灰菜等。

2. 皮肤敏感者在季节或环境产生变化时往往容易发生过敏，平时需要注意采取相应的防护措施，比如夏天注意防护、防晒，冬天注意保暖，平时应使用成分简单、不含香精香料和刺激性防腐剂的护肤品，时刻保持良好心情。由于皮肤炎症会因为某些食物因素加重，患者治疗期间也要注意饮食，少吃辛辣刺激性食物、海鲜、牛羊肉等。

# 第二章　化妆品的感官评价

一、填空题

1. 视觉　嗅觉　触觉　自觉

2. 一看　二闻　三摸

3. 顾客的皮肤状态　适合其使用的化妆品　化妆品适用性的感官评价

二、单选题

1.D　2.D　3.A　4.A　5.C

三、多选题

1.ABC　2.ABCD　3.ACDE　4.ABCDE　5.ABC

四、简答题

1. 第一，皮肤管理师和顾客共同完成；第二，顾客在使用产品后，皮肤管理师和顾客需从视觉、触觉和自觉三个方面进行评价。

2. 护肤类水、乳、霜等剂型产品，从补水、滋润、保湿等方面，可分为清润、中润和倍润。一般情况下，清润产品适合油性皮肤，中润产品适合中性及油性缺水性皮肤，倍润产品适合干性皮肤。

# 第三章　皮肤管理规划

一、填空题

1. 皮肤现状　既往美容史　个体差异及诉求

2. 整体性　时间性

3. 皮肤管理规划

二、单选题

1.B　2.C　3.A　4.D　5.B

三、多选题

1.ABC　　2.ACE　　3.ABCDE　　4.CD　　5.ABC

四、简答题

1.皮肤管理规划是皮肤管理师基于专业考量，依据顾客的皮肤现状、既往美容史、个体差异及诉求所制订的系统、综合、长期的皮肤管理计划。

2.生活美容项目是由关联性较低的、单一的项目构成，每个项目之间是相对独立的，没有绝对的先后性及必然联系，顾客主要依据卡项的内容来随机选择护理项目，这往往难以从根本上实现美肤需求。皮肤管理规划方案是全面系统的，方案内不同的项目之间具有递进性和必然性，是由皮肤管理师依据对顾客皮肤辨识与分析的结果，以实现其阶段性美肤目标为核心而拟定的。

## 第四章　医疗美容的皮肤管理

一、填空题

1.《医疗机构执业许可证》

2.保湿　防晒

3.炎症反应

二、单选题

1.D　　2.A　　3.C　　4.B　　5.D

三、多选题

1.ABCD　　2.ABC　　3.ABCDE　　4.ABCD　　5.BCD

四、简答题

1.根据我国《医疗美容服务管理办法》，医疗美容，是指运用手术、药物、医疗器械以及其他具有创伤性或者侵入性的医学技术方法对人的容貌和人体各部位形态进行的修复与再塑。

2. 医美咨询人员掌握皮肤管理技能前，与执业医师的关系：① 售前与售后的关系；② 将顾客引荐给医生。与顾客的关系：① 根据顾客需求推荐项目；② 接待与咨询。医美咨询人员掌握皮肤管理技能后，与执业医师的关系：① 是执业医师的专业助手；② 参与医生与顾客方案确定的全过程，给医生提出可参考意见，使医生全面了解顾客，从而制订出更加适合顾客的医美方案，有效提高对医美效果的可控性。与顾客的关系：① 是顾客的专业顾问；② 根据顾客的身体情况、皮肤状态及需求，从专业出发，推荐适合顾客的医美项目及最佳手术时间；③ 结合医嘱，制订顾客医美术前、术后的皮肤管理方案。

# 第五章　皮肤管理机构品质经营

## 一、填空题

1. 皮肤辨识与分析　行为干预指导　居家皮肤管理

2. 技术培训　技术引进

3. 顾客的满意度

## 二、单选题

1.D　2.C　3.B　4.B　5.D

## 三、多选题

1.ABCDE　2.ABD　3.ABCD　4.ABCDE　5.ABCD

## 四、简答题

1. 皮肤管理机构技术店长主要负责店面整体培训体系搭建，通过技术管理、顾客管理等方式，与团队配合共同落实并达成店面工作目标。其岗位职责为：① 负责团队专业理论知识和实践操作技能的学习管理，通过提升团队专业技术推动店面的业绩提高；② 负责制订并优化店面技术服务流程，做好员工技术服务管理；③ 负责制订并落实店面年度、季度、月度培训计划；④ 负责店内员工技术培训与考核，提升其专业技术能力；⑤ 负责顾客满意度的管理，带领团队达成顾客的留存、促活、转化与裂变；⑥ 负责店面专业讲座的组织与执行，提升顾客对店面的信任度；⑦ 负责主持技术相关的工作会议，管理技术团队的日常工作；

⑧ 及时解决顾客管理中出现的技术问题；⑨ 协助运营店长解决顾客的投诉；⑩ 完成上级交办的其他工作任务。

2. 档案管理包括会员信息录入、修改、余额查询、会员卡挂失、换卡、会员分级等。动态管理包括：① 通过数据分析后的顾客画像，发送匹配其需求的信息；② 根据会员需求精准匹配会员活动并邀请其参加。

# 参考文献


[1] 张学军，郑捷. 皮肤性病学[M]. 9版. 北京：人民卫生出版社，2018.

[2] 朱学骏，涂平，陈喜雪，等. 皮肤病的组织病理学诊断[M]. 3版. 北京：北京大学医学出版社，2016.

[3] Zoe Diana Draelos. 药妆品[M]. 许德田，译. 北京：人民卫生出版社，2018.

[4] 董银卯，孟宏，马来记，等. 皮肤表观生理学[M]. 北京：化学工业出版社，2018.

[5] 裘炳毅，高志红. 现代化妆品科学与技术[M]. 北京：中国轻工业出版社，2015.

[6] 何黎，刘玮. 美容皮肤科学[M].2版. 北京：人民卫生出版社，2011.

[7] 何黎，郑志忠，周展超. 实用美容皮肤科学[M]. 北京：人民卫生出版社，2018.

[8] 李丽，董银卯，郑立波. 化妆品配方设计与制备工艺[M]. 北京：化学工业出版社，2018.